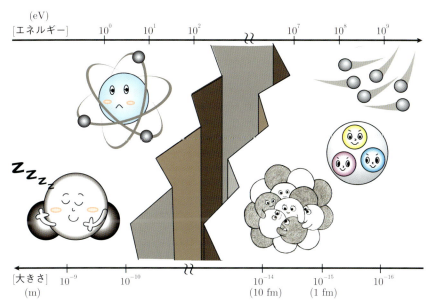

口絵 1　物質の階層構造と階層間の断絶の概念図．作画は池野なつ美 氏（一部 宮谷萌希 氏）による．図中のキャラクターはそれぞれ，分子，原子，原子核，ハドロン，クォークを表現することを目指している（本文 p.23, 図 3.1 参照）．

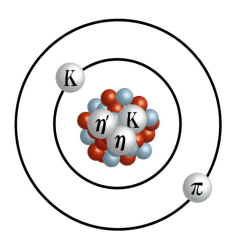

口絵 2　中間子－原子核束縛系の模式図．原子核中に中間子が存在する状態（η, η', K^-中間子など）は中間子原子核，原子核の外側に中間子が存在する状態（π^-, K^-中間子など）は中間子原子と呼ばれる．η'中間子は $\eta(958)$ とも表記される．複数の中間子が同時に原子核に束縛された系は現在までに観測されていない（本文 p.9, 図 1.4 参照）．作図は比連崎由佳氏による．

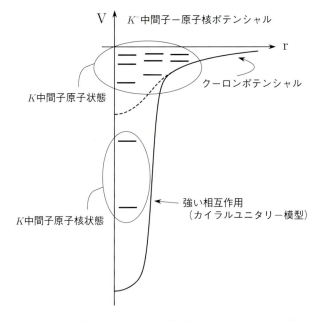

口絵 3　K^-中間子－原子核間ポテンシャルの模式図．遠方まで働く電磁相互作用（クーロンポテンシャル）による引力と，原子核半径程度まで働く強い相互作用による引力が共存している．強い相互作用の引力の強さはカイラルユニタリー模型のものを参考にした．点線は原子核の電荷分布によって生じるクーロンポテンシャルである（本文 p.72, 図 4.7 参照）．作図は山縣淳子氏による．

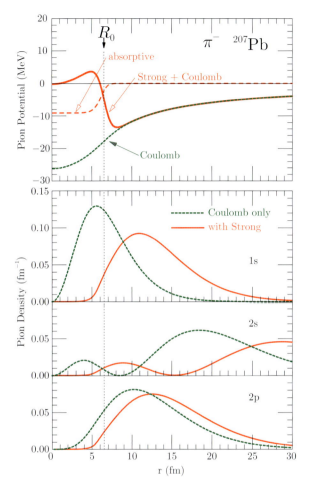

口絵 4 　（上図）π 中間子と鉛同位体 ^{207}Pb の間の相互作用が動径座標 r の関数として描かれている．図中に示されたように，有限の広がりを持った電荷分布によるクーロンポテンシャル，それに強い相互作用（光学ポテンシャル）の実部を加えたもの，さらに原子核による吸収効果を表す光学ポテンシャルの虚部が描かれている．光学ポテンシャルは S 波項のみ考慮されていて，微分演算子を含む P 波項は図には含まれていない．（下図）π 中間子原子 $1s$, $2s$, $2p$ 状態の密度分布．有限の広がりを持った電荷分布によるクーロンポテンシャルのみで計算された場合と，光学ポテンシャルも含めた全ポテンシャルで計算された場合がともに図示されている（本文 p.111, 図 5.2 参照）．文献 [1] より．

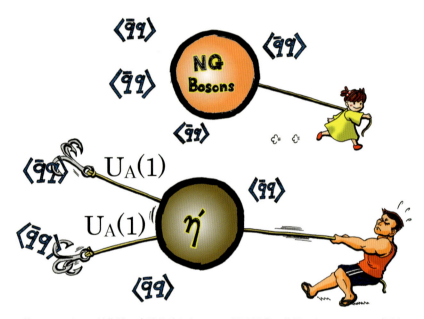

口絵 5 カイラル対称性の自発的破れと $U_A(1)$ 量子異常の効果による，$\eta(958)$ (図中では η' と表記されている) 中間子の質量獲得メカニズムの概念図．クォーク凝縮を引っ掛けている錨が $U_A(1)$ 量子異常の効果を表している．図案は文献 [5] より (本文p.152, 図5.28 参照)．作画は比連崎良美氏による．

Frontiers in Physics 15

中間子原子の物理
強い力の支配する世界

The Strong Side of the World

比連崎 悟 [著]

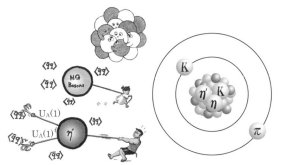

基本法則から読み解く **物理学最前線**

須藤彰三 [監修]
岡　真

15

共立出版

刊行の言葉

　近年の物理学は著しく発展しています．私たちの住む宇宙の歴史と構造の解明も進んできました．また，私たちの身近にある最先端の科学技術の多くは物理学によって基礎づけられています．このように，人類に夢を与え，社会の基盤を支えている最先端の物理学の研究内容は，高校・大学で学んだ物理の知識だけではすぐには理解できないのではないでしょうか．

　そこで本シリーズでは，大学初年度で学ぶ程度の物理の知識をもとに，基本法則から始めて，物理概念の発展を追いながら最新の研究成果を読み解きます．それぞれのテーマは研究成果が生まれる現場に立ち会って，新しい概念を創りだした最前線の研究者が丁寧に解説しています．日本語で書かれているので，初学者にも読みやすくなっています．

　はじめに，この研究で何を知りたいのかを明確に示してあります．つまり，執筆した研究者の興味，研究を行った動機，そして目的が書いてあります．そこには，発展の鍵となる新しい概念や実験技術があります．次に，基本法則から最前線の研究に至るまでの考え方の発展過程を"飛び石"のように各ステップを提示して，研究の流れがわかるようにしました．読者は，自分の学んだ基礎知識と結び付けながら研究の発展過程を追うことができます．それを基に，テーマとなっている研究内容を紹介しています．最後に，この研究がどのような人類の夢につながっていく可能性があるかをまとめています．

　私たちは，一歩一歩丁寧に概念を理解していけば，誰でも最前線の研究を理解することができると考えています．このシリーズは，大学入学から間もない学生には，「いま学んでいることがどのように発展していくのか？」という問いへの答えを示します．さらに，大学で基礎を学んだ大学院生・社会人には，「自分の興味や知識を発展して，最前線の研究テーマにおける"自然のしくみ"を理解するにはどのようにしたらよいのか？」という問いにも答えると考えます．

　物理の世界は奥が深く，また楽しいものです．読者の皆さまも本シリーズを通じてぜひ，その深遠なる世界を楽しんでください．

須藤彰三

岡　真

まえがき

　本書は，中間子–原子核束縛系を舞台にした，ハドロン多体系の構造・生成反応と強い相互作用の研究に関する入門書である．我々が見聞きし体感する日々の現象や動植物の営みなどは，突き詰めればほとんどすべては電磁相互作用による電子の運動と重力相互作用が基礎となっている．しかしながら，現代の物理学では，普段はまったく姿を見せない強い相互作用が世界を形成する大きな役割を担っており，物質の質量獲得などにも大きく関与していると考えられている．平たく言えば，我々の身の周りの物質の奥底には強い相互作用が支配するもう1つの世界があるのだ．この強い相互作用の世界を中間子–原子核束縛系を舞台に説明したいと考えている．本書の内容は，我々の日常を支配する電磁相互作用とはまったく異なる強い相互作用の視点でミクロの世界を見るきっかけや，強い相互作用をする物質の持つ多様性や可能性のイメージを得るために役立つだろう．読者としては量子力学の基礎を修得済みの物理学を学ぶ大学学部4回生・大学院修士課程1回生程度を想定している．

　強い相互作用をする粒子はハドロンと呼ばれ，原子核を構成する陽子や中性子，湯川粒子として有名なπ中間子などがこれに含まれる．また，中間子–原子核束縛系とは，電子の代わりにπ^-中間子やK^-中間子などが原子核の周りを回っている中間子原子（Mesic Atom）や，中間子が強い相互作用のみで原子核内部に束縛される中間子原子核（Mesic Nucleus）などを指している．これらの系の研究を通じて，具体的には，強い相互作用の対称性の様相，原子核中のハドロンの性質，新しいタイプのエキゾティックなハドロン多体系の構造や性質などに迫るのが目的である．

　強い相互作用は自然界に存在する4つの基本的な力の1つであって，原子核以下の物質の階層においては最も強く働く力であるが，電磁相互作用よりも複雑な性質を持っていることが知られている．例えば，クォーク–グルーオンの世界とハドロンの世界の間では「カイラル対称性の自発的破れ」や「クォークの閉じ込め」といった興味深い現象が起きていて，これらの現象がハドロン間相

互作用の性質やハドロンの質量生成に重要な影響を及ぼすと信じられている．読者諸君の体重も含めて，身の周りの物質の質量は，ほとんどすべてハドロン（原子核）の質量であるが，その起源が，クォークの世界とハドロンの世界を結ぶ強い相互作用の性質にあって，その寄与の大きさはヒッグス粒子がクォークに与える質量の数十〜100 倍程度と言われている．また，種々のハドロン間に働く強い相互作用の複雑な性質は，ハドロン多体系の構造や性質を多様なものにし，様々な興味深い現象を引き起こすと考えられている．中間子–原子核束縛系の研究からこれらの理解を深めることができる．

　本書を執筆するにあたり，多くの方々との共同研究を基礎にさせていただいた．まず π 中間子原子に関しては土岐博氏，山崎敏光氏，早野龍五氏らとの共同研究が出発点であり，成果はレビュー論文 [1] としてまとめられている．また，梅本由紀子氏，池野なつ美氏とは π 中間子と原子核の系に関して，慈道大介氏，永廣秀子氏とは η 中間子や $\eta(958)$ 中間子と原子核の系に関して，山縣淳子氏とは K 中間子と原子核の系に関して長きにわたり充実した共同研究をさせていただいた．さらに，実験研究者の方たちにも大変懇意にしていただいた．なかでも，板橋健太氏，鈴木謙氏，藤岡宏之氏には長きにわたり多大な御協力をいただいた．外国人研究者としては，特に，バレンシア大学の Eulogio Oset 氏，Juan M. Nieves 氏から中間子原子に関して多くのことを学ばせていただいた．奈良女子大学ハドロン原子核理論研究室の歴代メンバー，特に，久米健次氏と野瀬–外川直子氏にも研究を進めるうえで多くの御支援をいただいた．共同研究者を含む何人かの身近な方々には，原稿のチェックや概念図などの作画を助けていただいた．みなさまに心より感謝申し上げる．

　また，長年にわたる家族の協力にもこの場を借りて感謝したい．

　最後に本シリーズ監修者の岡真氏と共立出版株式会社の島田誠氏に本書出版に関して大変御協力いただいたことに感謝申し上げたい．

2017 年 2 月　　　　　　　　　　　　　　　　　　　　　　　　　比連崎悟

目　次

第1章　はじめに　　1
- 1.1　量子力学的な束縛状態と素粒子の研究 1
- 1.2　中間子–原子核束縛状態で探る強い相互作用 4
- 1.3　この本の構成について 11

第2章　相対論的量子力学入門　　12
- 2.1　自然単位系 12
- 2.2　相対論的量子力学の初歩 —クライン–ゴルドン方程式— . . . 14
- 2.3　相対論的運動方程式のクーロン束縛状態の解 16

第3章　ハドロン物理学の面白さ　　22
- 3.1　物質の階層構造と強い相互作用の支配する世界 22
- 3.2　クォークの世界とハドロンの世界 25
- 3.3　代表的な軽いハドロンの基本的な性質 30
- 3.4　中間子–原子核系の研究で現れる関係式 32

第4章　中間子–原子核束縛状態の構造と生成　　37
- 4.1　原子核の構造 —基礎的な量子力学を用いた原子核の描像— . . 37
- 4.2　中間子–原子核束縛状態の構造 —普通の原子と何が違うか— . 43
  - 4.2.1　強い相互作用の効果 —中間子–原子核間ポテンシャル— . 43

4.2.2　現実的な電磁相互作用 . . . . 　55
　　　4.2.3　中間子–原子核系の運動方程式とその解法 . . . . . . 　58
　　　4.2.4　中間子–原子核系の構造 ——一般的な性質—— . . . . 　68
　4.3　中間子–原子核束縛状態生成法 1 ——X 線分光法—— . . . . 　77
　4.4　中間子–原子核束縛状態生成法 2 ——欠損質量による分光法—— . . 　81
　　　4.4.1　2 体反応の運動学の基礎
　　　　　　——物質の性質や相互作用に無関係に決まる散乱の様子—— 　81
　　　4.4.2　欠損質量分光法と不変質量法 . . . . 　85
　　　4.4.3　有効核子数法による中間子–原子核系生成断面積の計算 . 　91
　　　4.4.4　欠損質量分光法に関する補足 . . . . 　105

第 5 章　中間子–原子核束縛系 ——最新の研究から——　108

　5.1　深く束縛された π 中間子原子 . . . . 　108
　5.2　K^- 中間子原子と K^- 中間子原子核 . . . . 　130
　5.3　η 中間子原子核と $N(1535)$ 共鳴 ——核子のパートナー？—— . 　142
　5.4　$\eta(958)$ 中間子原子核と $\eta(958)$ 中間子の質量変化 . . . . 　151

第 6 章　おわりに　160

参考文献　162

索　引　169

第1章 はじめに

　この章では，素粒子の研究の中で量子力学的な束縛状態がどのように役に立っているかを簡単に紹介した後で，本書の主題である，中間子–原子核束縛系で強い相互作用の世界を研究する意義・面白さについて説明したい．量子色力学で記述される強い相互作用は電磁相互作用よりも複雑である．したがって，強い相互作用によって形成される物質や生じる現象は，電磁相互作用が支配している我々の身の周りで日常見ることのできるものよりも，実はずっと複雑かもしれない[1]．その意味では，中間子原子や中間子原子核といった中間子–原子核束縛系は，強い相互作用の世界の基本的な構成単位の1つであって，それらの研究は「強い相互作用で形成される物質の物理学」研究の出発点であると言うこともできるかもしれない．

1.1 　量子力学的な束縛状態と素粒子の研究

　本書は，中間子–原子核束縛系を舞台にした，ハドロン多体系と強い相互作用の研究に関する入門書である．まず，量子力学的な素粒子の束縛状態がミクロの世界の研究の発展に果たしている役割から概観してみよう．

　日常生活で使われる文脈のなかで「束縛」という単語はあまり嬉しくない場面で現れることが多いのではないだろうか？これは「束縛」という言葉が自由を制限する意味を持つためであるが，本書で取り扱う「束縛状態」とは，本来バラバラになっているもの（粒子）が，それらの間に働く相互作用の影響でくっついて，ひと塊りになっている状態のことである．本書を書き始めるにあたって，日常生活における「ハッピーな束縛状態」を想像してみたが，発想貧困にし

---

[1] Scientific Fiction の世界では，随分以前から，原子核のような核子多体系でできた体を持ち，中性子星の表面で生きる知的生物すら考えられている [2]．この生物はもちろん強い相互作用で活動する．かなり面白い小説である．

て，ありきたりな新婚カップルのような例しか思い浮かばない．ところが，この本で取り上げる量子力学が支配するような原子や原子核，さらに小さい素粒子の世界における束縛状態は，物理学の進歩において重要な役割を演じてきた「功労者」の1人である．

19世紀末の物理学は，いわゆる古典物理学の発展により日常的なスケールから天体現象にわたる多くの現象を理解することに成功しており，残された問題は少ないと考えられていた．しかしながら実際には，ミクロな世界を記述する量子物理学の発展が必要であって，そのための重要な契機の1つとなったのが，原子から放出・吸収される光の研究であった．前期量子論と呼ばれる量子力学誕生前夜の物理学のなかで重要な役割を果たすボーアの原子模型は，まさに，水素原子（陽子と電子の束縛系）の構造の研究から発展し，量子化条件などの重要な概念を生むに至るのである．量子力学の講義などでおなじみの水素原子の離散的（とびとび）な状態，および，その状態間の遷移から発生する特定の波長の光（特性X線）から，古典力学の限界が認識され量子力学が発展したのである．

その当時，原子から放出・吸収される光の実験データをまとめあげた結果，経験的に導出された規則性は，

$$\frac{1}{\lambda} = R\left(\frac{1}{m^2} - \frac{1}{n^2}\right) \tag{1.1}$$

である．ここで，Rはリュードベリ (Rydberg) 定数であり，nとmは自然数でカッコ内が正になるような組み合わせが許される．教科書などでおなじみのこの式の何とミステリアスなことであろうか！もしも量子力学を知る前に，データ解析中に自分自身でこの式を発見したとしたら，その単純で，それゆえ意味不明な規則性にきっと激しく動揺したに違いない．また，量子力学を学んだ後では，このリュードベリ定数が，シュレーディンガー (Schrödinger) 方程式に含まれるまったく別の物理定数の掛け算割り算で正しく表されることに深く感心しないだろうか？それこそが量子力学の成果の1つであり，電卓1つで実感できる自然科学の進歩である．

量子力学で記述されるミクロな粒子の束縛系では，一般に固有状態のエネルギーは離散的なスペクトル（束縛準位）を持ち，ある特定のエネルギー状態しか存在しない．この「特定のエネルギー」を決定するのは，ミクロな粒子の運動方程式と束縛状態を形作る粒子間の相互作用である．ここでの相互作用は粒子間のポテンシャルと考えてよい．この，量子力学に特徴的な束縛状態の離散

的スペクトルを手掛かりに，20世紀以降，多くの物理学上の発展があった．

例えば，水素原子の研究は，系の単純さゆえに大変興味深く，その後も，相対論的なディラック (Dirac) 方程式を用いた計算と微細構造，陽子スピンの効果と超微細構造，場の理論的な高次の効果とラムシフトなどの重要な成果が得られている．現在でも量子電磁力学 (QED) の超高精度計算と実験値の比較に関する研究などで重要な系である．また，ボソンに対する相対論的な運動方程式であるクライン-ゴルドン (Klein–Gordon) 方程式は，第2章で少し触れるように，クーロンポテンシャルの場合にディラック方程式とは，異なる束縛エネルギーを解として与えるので，分光学的な方法により，束縛された粒子がフェルミオンかボソンかの判別も可能である．

また，本書で中心的な役割を果たすのは強い相互作用であり，量子色力学 (QCD) で記述される．強い相互作用の問題は，電弱相互作用よりも種々の物理量の計算に困難を伴うことが多く，解を得ることは難しいが，それでも束縛系の研究から得られるものは多い．まず，原子核は核子（陽子と中性子の総称である）の強い相互作用による量子力学的な多体の束縛系であり，「ハッピーな束縛状態」のイメージで図示すれば図 1.1 のようになろうか．このような原子核の離散的なエネルギー準位の研究から，核子の間に働く強い相互作用（核力）の性質に関する知見を得られることは直感的にも明らかであろう．実際，様々な原子核の基底状態や励起状態のエネルギー，各状態の量子数と状態間の遷移の強さなどから原子核中での強い相互作用の情報が得られてきている．これらから導き出された強い相互作用に関する知見を基に，現在までに知られていない，エキゾティックなハドロン多体系に関する理論的な予言や，超新星爆発後に生成されると考えられている中性子星の構造にも研究が及んでいる．さらに，QCDにより記述されるクォークやグルーオン間に働く相互作用は，クォーク-グルーオン多体系，つまりはハドロンのエネルギー準位と直接的に関係するはずである．このエネルギー準位は，核子や中間子など，観測されているハドロンの質量に対応しており，種々のハドロンの質量分布から QCD の相互作用に迫ることが可能である．実際には，クォークの世界とハドロンの世界の関係を理解するためには「対称性の自発的破れ」や「閉じ込め」といった難しい問題を理解する必要があるが，今までに多くの研究が進展している．この本の中で紹介する中間子-原子核束縛状態も，強い相互作用によるエキゾティックなハドロン多体系の研究および，QCD の相互作用に迫る研究であるということができる．

図 1.1 原子核構造のイメージ図．強い相互作用でしっかりとくっついている陽子と中性子の様子を表している．もちろん現実の陽子や中性子に目や口はついていない．作画は宮谷萌希氏による．

1.2 中間子–原子核束縛状態で探る強い相互作用

　本書で扱う内容は，中間子と原子核が束縛した系を舞台にした強い相互作用やハドロン多体系の研究である．この系は，図 1.1 のような陽子と中性子からなる系に，さらに中間子をくっつけた系である．ここでは，中間子–原子核束縛状態の何が面白いか，興味深いテーマは何であるかに関して，少し具体的に考えてみよう．やや難解に感じる読者は第 3 章と併せて読むことをおすすめする．

　まず第 1 に挙げられるテーマは，**原子核中のハドロンの性質と，強い相互作用の対称性の様相** である．図 1.2 をご覧いただきたい．これは，軽い擬スカラー中間子と呼ばれる中間子の真空中での質量が，強い相互作用の対称性の様相とどのように関連している（と現在考えられているか）の概念図である．強い相互作用の基礎理論である QCD は，もともとカイラル対称性と呼ばれる対称性を持っている．このとき，軽い擬スカラー中間子の質量は，図 1.2 左側のごとく同じ値を持ち縮退している．この対称性は真空中では自発的に破れてい

ると考えられており，このとき，軽い擬スカラー中間子は質量を持たない，いわゆる南部–ゴールドストーン粒子として存在すると考えられている．この状態での質量スペクトルの様子は，図 1.2 中央の列に示されている．ここで，例外的に大きな質量を持つのは η_0 と呼ばれる中間子であり，これは場の理論的な，$U_A(1)$ 量子異常（$U_A(1)$ アノーマリー）の効果のためであると考えられている．さらに，ヒッグス機構によってクォークが質量を持っている効果を取り入れた結果が，図 1.2 右側の質量スペクトルである．有限なクォーク質量も「あからさま」にカイラル対称性を破り，また，u, d クォークと s クォークの質量が大きく異なることより，擬スカラー中間子の質量スペクトルは複雑に枝分かれして，その結果，実際に観測された値と良い一致を示すのである．つまり，現在信じられているシナリオでは，強い相互作用の持つカイラル対称性の2種類の破れ（自発的な破れ，および，クォーク質量の存在による「あからさま」な破れ）と $U_A(1)$ 量子異常の効果によって，真空中の複雑な擬スカラー中間子の質量スペクトルが理解できると考えられているのである [3]．

　これは，非常に重要な知見であろう．なぜならば，我々の身の周りに存在する物質の質量（最近は暗黒物質 (dark matter) との対比で「見える質量 (visible mass)」とも呼ばれるようである）は，ほとんどすべて原子核の質量であり，これはすなわち陽子や中性子の質量である．すなわち，我々自身の体重も含めて，すべての身の周りにある物質の質量の理解には，クォークの世界とハドロンの

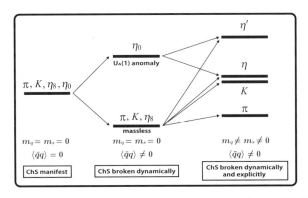

図 **1.2**　軽い擬スカラー中間子の質量スペクトルと，強い相互作用の対称性の関連を示した慈道大介氏による概念図．自発的なカイラル対称性の破れ，クォーク質量による「あからさま」なカイラル対称性の破れ，$U_A(1)$ 量子異常による効果が模式的に示されている．η' 中間子は $\eta(958)$ とも表記される．文献 [4,5] より．

世界をつなぐ機構，つまり QCD の対称性の破れの理解が不可欠なのである．また，ここで，クォークの質量の合計よりもハドロンの質量が顕著に大きいことにも注意するべきであろう．通常，質量の大きな粒子はエネルギーの高い状態にあるので，より質量が小さくエネルギーの低い安定な状態に遷移（崩壊）すると考えられる．しかし，ハドロンは軽いクォークが集まって重くなり，そのくせ安定していて陽子からクォーク 3 個への崩壊などは観測されていない．いわゆるクォークの閉じ込めと言われる現象であるが，他に例を見ない面白い性質であると言える．これも QCD から理解できると考えられている．

　上で述べたハドロンの質量スペクトラムを理解するためのシナリオは，非常に魅力的であるが，様々な実験的な研究による検証や，理論的な研究の発展を通じて，さらに深く，かつ，より定量的に理解することが現在求められてる．そのために世界中で様々な手法を用いた研究が行われている．この本で紹介する中間子–原子核束縛系の研究の他にも，代表的な巨大プロジェクトとして，RHIC や LHC などの巨大加速器における高エネルギー重イオン衝突による研究が挙げられる．これらはともに「真空中で破れている対称性」が回復した状況を人為的に強引に作り出し，そこでの様々な物理量を研究することにより，対称性が維持されている世界（相）と対称性の破れた世界（相）間の関係（相転移）を理解しようとするものである．直感的には，ハドロン中に閉じ込められていたクォークが，ハドロン外に出て（もしくはハドロン間の境が無くなって），クォークやグルーオンの自由度で記述される状態の物質では，対称性が回復していると考えられる．そのような状態，もしくはそれに近い状態を重イオン衝突により人為的に準備して，そこでの物理量を研究するのである．我々の主題である中間子–原子核束縛系では，原子核中に安定に存在する核子の高密度状態を利用して中間子の性質の変化を研究するのに対して，高エネルギー重イオン衝突では，高温状態で豊富に生成されるクォーク–反クォーク対を利用して，クォークやグルーオンからなる物質の物性が調べられている．これらの研究は互いに相補的な関係にあって，ともに重要であると言える．中間子–原子核束縛系は静的で準安定な系であり，研究対象の状態は束縛状態としてよく定まった量子数を持っていて，量子力学的な選択則も機能するような状態である．したがって，詳細で分析的な情報を得ることに適している．具体的には，質量の変化などの研究にとどまらず，中間子が有限密度中で受ける相互作用の詳細に関する情報を得ることができる．実際に第 5 章においては，π 中間子の原子核中での「S 波のアイソベクトル相互作用」決定が重要であった例を紹介する．一方，高エ

ネルギー重イオン衝突は，非常にダイナミカルな過程を経る反応であり，いわゆる QCD 相図の広い範囲をカバーした研究が可能である．中間子–原子核束縛系の研究を通じて得られる有限密度中での中間子の性質は，相図上の点としては，温度が 0 で密度の大きさが標準原子核密度付近[2]に限られる．

ここで強い相互作用の対称性の様相を理解するためには，単一のハドロンの性質を知るのみでは不十分で，様々なハドロンの様々な性質から理解を深めることが必要であることにも注意しよう．「対称性がある」というのはごく単純化して言えば「物事に関係がある」ということである．つまり図 1.3 の左側のような正確なサイコロの 3 の目が出る現象と 6 の目が出る現象とを独立に研究する必要が無いということである．言い換えれば，対称性が正しければ，1 つのハドロンの性質を知ることにより，他のハドロンの性質を比較的容易にかつ正確に言い当てることができるだろう．しかし，これは逆に言えば，あまり正確ではない（破れた）対称性に関して「対称性の様相を知る」ためには，サイコロ各面の出方を調べる必要があるということを意味する．図 1.3 の右側のようなサイコロがあったときに，どの目が出るかの試行を通じて「サイコロの歪み方（対称性の破れ）のパターン」を理解することにも似ていると思う．すなわち，原子核中の各中間子それぞれの相互作用や性質が，「対称性の存在とその破れ，有限密度における回復」という解釈が示すシナリオに従って，図 1.2 に描かれたパターンのように，統一的に理解できる形で変化するのかどうか見極める必要がある．1 つの中間子の相互作用を決めるだけではなくて，いろいろな中間

図 1.3 正しい対称性を持つ正確なサイコロと，対称性が破れた歪んだサイコロ．歪んだサイコロで遊ぶのも楽しいかもしれない．作画は比連崎良美氏による．

---

[2] 一辺が 10^{-15} [m] の立方体中に核子が 0.17 個存在する程度の密度であり，ほぼ原子核の中心密度に等しい．

子の相互作用の間に関係があり，有限密度での性質の変化の仕方にも関係があることが重要である．そのためにも，いろいろな中間子–原子核の系を研究することは重要で興味深い．

次に重要なテーマは，**新しいタイプのエキゾティックなハドロン多体系の構造や性質** である．現在まで伝統的に進められてきた原子核物理学の研究は「有限個数の孤立した量子多体系」の研究であったと言うことができるだろう．重要なポイントは，核子間の強い相互作用 —いわゆる核力— の研究と，おおよそ 250 個程度を最大とするような有限個数の粒子からなる量子力学的束縛系の研究である．周囲を取り巻く電子雲の影響はほとんどの場合無視できるので，原子核は極めて良い近似で孤立系であると考えられる．また，典型的な束縛エネルギーやフェルミ運動量に比べて構成粒子（核子）の質量が十分大きい系であるので，非相対論的なシュレーディンガー方程式を中心とした量子力学を適用するのに格好な対象であり，多粒子系の量子力学理論の発展に寄与してきた．実験的にも多くの研究がなされ，多粒子系の持つ多様な性質に関して，膨大な観測結果が蓄積された．基底状態に加えて，多くの励起状態のエネルギー準位や量子数，種々の遷移過程の遷移確率や選択則，集団的な運動による性質等々である．強い相互作用のみならず，電子線や β 崩壊など，電磁相互作用や弱い相互作用の過程も原子核の観測には利用された．

このような核物理学の研究は，1980 年代前半までは，ほとんどが，核図表の中央付近に存在する安定な原子核を対象としたものに限られていた．その後，核破砕片を利用する実験手法の確立により，研究対象の原子核の数は安定核の 10 倍以上に増えている．さらに，ストレンジネスを含むハイペロンと呼ばれる粒子を含んだ原子核（ハイパー核）の研究も進み，安定な原子核だけでは得られなかった新たな現象，構造の研究が進んでいる．つまり，近年，従来の原子核を超えた「新種」の研究が活発になされるようになったのである．この本で取り上げている，中間子–原子核束縛状態は，この「エキゾテックなハドロン多体系」とも呼ばれる新種のフロンティアの 1 つとしても大変興味深い．中間子–原子核束縛状態の様子を模式的に図 1.4 に示した．通常の原子核中では，中間子は相対論的なエネルギーと運動量の関係である質量殻条件から大きく外れた状態 —場の理論的なバーチャルな状態— にあり，核子間の相互作用を担っている．中間子–原子核束縛状態では，中間子は質量殻条件をほぼ満足したほとんどリアルな状態であり，束縛系を構成している粒子として存在している．通常の原子核を構成する核子と比べて，中間子は，質量や相互作用が異なり，多

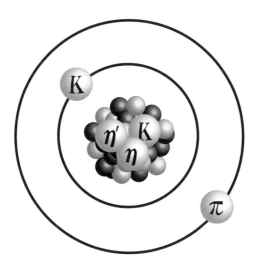

図 1.4　中間子–原子核束縛系の模式図．原子核中に中間子が存在する状態（η, η', K^- 中間子など）は中間子原子核，原子核の外側に中間子が存在する状態（π^-, K^- 中間子など）は中間子原子と呼ばれる．η' 中間子は $\eta(958)$ とも表記される．複数の中間子が同時に原子核に束縛された系は現在までに観測されていない（口絵 2 参照）．作図は比連崎由佳氏による．

体系の構造も大きく異なったものになると期待できる．また，中間子は整数スピンを持つボソンであるので，核子とは異なり，パウリ排他律の影響を受けずに何個でも同じ量子状態に存在することが可能である．したがって，複数の中間子を含む多体系の構造も極めて興味深いと言える．実際に，複数の中間子を含む中間子–原子核束縛状態の構造や生成に関しての研究も存在している．現在までによく知られている孤立系は，原子にしろ原子核にしろフェルミオンの多体系がパウリ排他律の影響下で構造を形成しているもののみである．その意味でも，同種中間子を複数含む束縛系の生成方法や構造に関する研究は大変面白いと考えられる．

　また，この研究は，中性子星の内部構造の研究にも関連づけられる．中性子星の内部構造を決定するうえでの理論的な難点の1つは「高い密度でのハドロン相互作用」の理解である．ここで言う，高い密度，とは原子核中心密度の数倍程度を意味し，通常の核力の研究で得られる知識を大きく外挿しなければならず不定性が大きい．さらに，中間子と核子の相互作用の性質次第では，高密度環境下での強力な引力相互作用が中間子の静止質量の大きさを超えて，中間子が0エネルギーでパウリの排他律の制限を受けずに無尽蔵に生成されるよう

な状況すら想像できる（中間子凝縮）．このような空想を科学的に定量的に検討し，中性子星の内部構造を理論的に理解するには，原子核中で中間子が受ける相互作用を実験室でできる限り正確に知ることが，第一歩である．そのためにも中間子–原子核束縛状態の研究は重要である．

さて，中間子–原子核束縛状態の研究で面白い第3のテーマとして，**有限密度下におけるバリオン共鳴の性質とバリオン共鳴の素性**を挙げておこう．バリオンと呼ばれる核子の仲間には，多くの種類があり，その素性ははっきりとはわかっていない．クォークの閉じ込め効果を表現するポテンシャルを仮定して，その中に3つのクォークを束縛させるいわゆるクォーク模型の記述によって，質量が正しく求められるバリオン共鳴状態もあるが，多くの共鳴状態，特にエネルギーの高い（質量の大きい）バリオン共鳴は一般的にあまり詳しく理解されていない．例えば，常識的に考えられているように，クォーク3つからなるのか？もしくは3つよりも多くのクォークや反クォークから構成されているのか？それとも，より軽いバリオンと中間子の分子的な束縛状態であるのか？いやいや実はこれらの状態がある割合で混合した量子力学的な状態であるのか？など，難しい問題である．短寿命の共鳴状態であるがゆえに，実験的な研究方法も限られている．

これらのバリオン状態状態のいくつかは，中間子+核子の状態に強く結合することより，中間子–原子核束縛状態を利用して研究することができるのではないかと期待されている．代表的なものは，$N(1535) \rightarrow \eta + N$ と $\Lambda(1405) \rightarrow \bar{K} + N$ の結合である．例えば，η 中間子–原子核の束縛状態を観測した場合，束縛準位のエネルギーや構造は，η 中間子と原子核の相互作用によって決まるが，この相互作用が $N(1535)$ の原子核中での性質に大きく影響を受けると考えられる．また，別の言い方をすると，「η 中間子と原子核の束縛状態」と「$N(1535)$ と，原子核の1空孔状態の束縛状態」が，量子力学的に混ざっているということもできる．いずれにしても，η 中間子–原子核の束縛状態を研究することによって，原子核中における $N(1535)$ の性質を知り，$N(1535)$ の素性に迫れるのではないかという期待が持てる．同様に，$\bar{K}$ と原子核の束縛系の研究は，$\Lambda(1405)$ の性質と密接に関連した形で現在活発に行われている．これらの研究は5.2, 5.3節で紹介される．

上に述べた，中間子–原子核束縛状態の3つの興味深い点は，それぞれ独立しているわけではなくて，相互に密接に関係している．また，中間子も原子核も様々な種類のものがあり，それぞれに特徴的である．したがって，どの中間子

と，どの原子核を組み合わせた系を研究するかによって，強く出現する性質が異なる．つまり，研究するテーマに応じて，適切な系（中間子と原子核の組み合わせ）を選ぶことが肝要であると言える．

1.3　この本の構成について

　この本では中間子–原子核束縛状態と強い相互作用の研究に関して解説する．そのために必要な基礎知識を第 2 章および第 3 章で概説する．第 4 章で中間子–原子核束縛状態の構造と生成に関して，各系に共通する内容を解説したのちに，第 5 章で，いくつかの中間子–原子核系の研究に関して各論的に説明する．引用文献のリストは系統的に重要文献を網羅したものではないことに注意していただきたい．

　本書では自然単位系を用いる．また，本文中に現れる物理定数や物理量は，原則 4 桁程度の精度で記述している．より精密な値が必要な場合は，文献 [6,7] などを参照していただきたい．

第2章 相対論的量子力学入門

　この章では，相対論的量子力学に関して，本書で説明する内容を理解するために必要最低限な事柄を簡潔に述べる．具体的には，中間子–原子核束縛状態を記述するために必要な相対論的量子力学の運動方程式（クライン–ゴルドン方程式）とクーロン束縛状態の解についてである．相対論的量子力学や場の理論に関しては多くの優れた教科書（例えば文献 [8,9] など）が存在するので，より進んだ内容はそちらで勉強してほしい．

2.1 自然単位系

　まずは，この本で使用する自然単位系について説明しておこう．素粒子・ハドロン・原子核物理学などの分野で多く使われる単位系であるが，その心は「人間が勝手に決めた分量を基準（= 単位）にするのを止めよう」ということである．基準として採用するのは，おなじみの光速

$$c = 2.998 \times 10^8 \quad (\text{m/s})$$

と，プランク定数

$$\hbar = \frac{h}{2\pi} = 1.055 \times 10^{-34} \quad (\text{J s})$$
$$= 6.582 \times 10^{-22} \quad (\text{MeV s})$$

である．ここで，電子ボルト [eV] は，素電荷が1ボルトの電位差から得る運動エネルギーであり，1 [MeV] = 10^6 [eV] である．各物理定数の数値は4桁を目安に書いておくが，より正確な最新の値は，この分野の研究者が使用するデータ集である文献 [6] を参照されたし．このデータ集は2年に1度更新されている．プランク定数の単位 [エネルギー × 時間] は，古典力学では見慣れない組み

合わせであるが，光量子のエネルギーに関するプランクの式 $E = h\nu = \hbar\omega$ を思い起こせば納得できるであろう．

さて，これらの定数を基準にするという意味は，言葉のとおりで，$c = \hbar = 1$ と定義するということである．これより，ただちに，まず

$$[長さ] = [時間] \tag{2.1}$$

が了解される．これは，光速 c を基準にしたのだから，「長さ」がすなわち「時間」を意味するのは理解しやすい．さらに，プランク定数を基準にしたことも考えると，

$$[エネルギー] = [時間^{-1}] = [長さ^{-1}] \tag{2.2}$$

となる．これに有名な特殊相対性理論の関係式

$$E = \sqrt{(mc^2)^2 + (pc)^2} \tag{2.3}$$

を組み合わせれば，即座に

$$[エネルギー] = [質量] = [運動量] \tag{2.4}$$

である．

これらの関係式を用いると，使用する単位を1つ決めれば，その単位で「長さ」，「時間」，「質量」，「エネルギー」，「運動量」は，すべて表すことができるのであるが，例えば，原子核の半径などを [MeV] で表すのは，おそらく多くの人にとって，あまり気持ちが良くない．そこで，素粒子・ハドロン・原子核物理学の分野では，習慣的に，

[長さ]，[時間] などの単位として，フェムトメートル [fm] $(= 10^{-15}$ [m])
[エネルギー]，[質量] などの単位として，メガ電子ボルト [MeV] や
ギガ電子ボルト [GeV] $(= 10^9$ [eV])

が多く使われている．それぞれの単位を変換する際の係数として，

$$\hbar c = 197.3 \quad (\text{MeV fm})$$

を用いる．上記の関係式に加えて，電磁相互作用の結合定数である微細構造定数，

$$\alpha = \frac{e^2}{4\pi\epsilon_0 \hbar c} = \frac{1}{137.0} \quad (無次元量)$$

を知っておけば有用である．

自然単位系を用いた計算例を1つだけ挙げておこう．みなさんは，陽子と陽子がほとんど接するほどに近づいたときの，クーロン力による斥力ポテンシャルの強さをどのように評価するだろうか？陽子間の距離を 1 [fm] としたときに，自然単位系を使うと，

$$
\begin{aligned}
V(r) &= \frac{e^2}{4\pi\epsilon_0}\frac{1}{r} = \frac{e^2}{4\pi\epsilon_0 \hbar c}\frac{\hbar c}{r} \\
&= \frac{1}{137.0}\frac{197.3 \quad (\text{MeV fm})}{1 \quad (\text{fm})} \\
&= 1.440 \quad (\text{MeV})
\end{aligned}
$$

と簡単に求めることができる．同じ距離における強い相互作用（核力）よりもずっと小さな効果であることが確認できるであろう．

2.2 相対論的量子力学の初歩 —クライン–ゴルドン方程式—

はじめに相対性理論に不可欠な4元ベクトルの記述に関して簡単にまとめておこう．特殊相対性理論は，時間1次元と空間3次元を併せた平坦な4次元時空を記述する理論であり，粒子の座標 x や運動量 p は4元ベクトルで記述される．

$$x^\mu = (x^0, \vec{x}) = (t, x^1, x^2, x^3) \tag{2.5}$$

$$p^\mu = (p^0, \vec{p}) = (E, p^1, p^2, p^3) \tag{2.6}$$

2つのベクトルのスカラー積はローレンツ (Lorentz) 変換に対して不変な形

$$A \cdot B = A^0 B^0 - \vec{A} \cdot \vec{B} \tag{2.7}$$

で定義される．また，スカラー積は4元ベクトルの成分を用いて，

$$A \cdot B = A^\mu B_\mu = g^{\mu\nu} A_\mu B_\nu \tag{2.8}$$

と表現される．ここで，同じ添字に関しては和をとる規約を用いており，この式では $\sum_{\mu=0}^{3}$ や $\sum_{\nu=0}^{3}$ が省略されていることに注意する．これは，上付き添字と下付き添字が一組になっていればローレンツ不変な項を表すというわかりやすい

表記法である.

　添字の上げ下げを司る $g^{\mu\nu}$ は計量テンソルと呼ばれ,

$$g^{\mu\nu} = g_{\mu\nu} = \begin{pmatrix} 1 & 0 & 0 & 0 \\ 0 & -1 & 0 & 0 \\ 0 & 0 & -1 & 0 \\ 0 & 0 & 0 & -1 \end{pmatrix} \tag{2.9}$$

という成分を持ち,

$$\begin{aligned} A_\mu &= g_{\mu\nu} A^\nu \\ &= (A^0, -\vec{A}) \end{aligned} \tag{2.10}$$

である.この計量テンソルの成分は異なる性質の空間では異なる値を持ち,式 (2.9) の $g^{\mu\nu}$ は内積が式 (2.7) で表されるような空間(ミンコフスキー空間と呼ばれる)を表している[1].また,微分演算子に対しては,

$$\partial^\mu = \frac{\partial}{\partial x_\mu} = (\partial^0, -\vec{\nabla}) \tag{2.11}$$

である.

　さて,相対論的なエネルギーと運動量の関係(分散関係)

$$E^2 = \vec{p}^2 + m^2 \tag{2.12}$$

は,4元ベクトルの表記法では,

$$p^2 = p^\mu p_\mu = E^2 - \vec{p}^2 = m^2 \tag{2.13}$$

と書けることがわかる.この式に対して,p^μ を次のように置き換えて量子力学的な演算子を導入する.

$$\begin{aligned} p^\mu &\to i\partial^\mu \\ &= \left(i\frac{\partial}{\partial x_0}, i\frac{\partial}{\partial x_1}, i\frac{\partial}{\partial x_2}, i\frac{\partial}{\partial x_3} \right) \\ &= \left(i\frac{\partial}{\partial t}, -i\vec{\nabla} \right) \end{aligned} \tag{2.14}$$

---

[1] 計量テンソルの成分の定義には全体の符号の任意性があり,異なる定義が採用されている場合もある.

すると，

$$
\begin{aligned}
p^\mu p_\mu &= \left(i\frac{\partial}{\partial t}, -i\vec{\nabla}\right)\left(i\frac{\partial}{\partial t}, i\vec{\nabla}\right) \\
&= -\partial^\mu \partial_\mu \\
&= -\frac{\partial^2}{\partial t^2} + \vec{\nabla}^2 \quad\quad\quad (2.15)
\end{aligned}
$$

と書くことができて，量子力学的な波動関数を ϕ とすれば式 (2.13) を非相対論的量子力学のシュレーディンガー方程式のように，

$$
\begin{aligned}
(-p^2 + m^2)\phi &= (\partial_\mu \partial^\mu + m^2)\phi \\
&= \left(\frac{\partial^2}{\partial t^2} - \vec{\nabla}^2 + m^2\right)\phi \\
&= 0 \quad\quad\quad (2.16)
\end{aligned}
$$

と書き直すことができる．これがボソンに対する相対論的量子力学の運動方程式，クライン–ゴルドン方程式である．

ディラック方程式は，エネルギーに関して 1 次の関係式

$$
E = \sqrt{p^2 + m^2} \quad\quad\quad (2.17)
$$

に対して，p^μ を演算子に置き換えて量子化することによって得られる．$\sqrt{p^2 + m^2}$ 部分の取り扱いとして，二乗（2 回繰り返して演算）することにより，$p^2 + m^2$ に対応する演算子を得る要請から，4 行 4 列の γ 行列が導入され，必然的にディラック方程式の解は 4 成分スピノルで表現されることになる．ディラック方程式はよく知られているように電子などフェルミオンの相対論的な運動を表す運動方程式である．

2.3　相対論的運動方程式のクーロン束縛状態の解

相対論的運動方程式の点電荷によるクーロン束縛状態の解を議論するために，まず，クライン–ゴルドン方程式 (2.16) に電磁相互作用を導入しよう．電磁相互作用はゲージ理論である量子電磁力学 (QED) により記述されるので，ゲージ相互作用として光子によるベクトルポテンシャル A^μ を次のように導入する．

$$
p^\mu \to p^\mu - eA^\mu \quad\quad\quad (2.18)
$$

ここで $e\ (>0)$ は素電荷である．ベクトルポテンシャルの成分は一般に，$A^\mu = (A^0(t,\vec{r}), \vec{A}(t,\vec{r}))$ と書くことができるが，時間に依存しない静的な電場による静電相互作用のみを考えると，$A^\mu = (A^0(\vec{r}), 0, 0, 0)$ と書くことができる．さらに波動関数の時間依存性を変数分離することによって，$\phi(t,\vec{r}) \to e^{-iEt}\phi(\vec{r})$ と置き換えられるので，結局クライン–ゴルドン方程式 (2.16) は，

$$\left((E - eA^0(\vec{r}))^2 + \vec{\nabla}^2 - m^2\right)\phi(\vec{r}) = 0 \tag{2.19}$$

となる．Ze の電荷を持つ点電荷からのクーロン引力 (PC: Point Coulomb) を考える場合には，

$$V_{\rm PC}(r) = -\frac{Z\alpha}{r} \tag{2.20}$$

を用いて，クライン–ゴルドン方程式は，

$$\left((E - V_{\rm PC}(r))^2 + \vec{\nabla}^2 - m^2\right)\phi(\vec{r}) = 0 \tag{2.21}$$

となる．

さて，この点電荷ポテンシャル $V_{\rm PC}(r)$ 対する解析的な解は，非相対論的なシュレーディンガー方程式 (S)，クライン–ゴルドン方程式 (KG)，ディラック方程式 (D) それぞれに対して知られていて，以下のようになる [9]．
シュレーディンガー方程式の解は，

$$E_n^{\rm S} = -\frac{m}{2}\frac{(Z\alpha)^2}{n^2}, \quad n = 1, 2, 3, \cdots \tag{2.22}$$

クライン–ゴルドン方程式の解は，

$$E_{nL}^{\rm KG} = \frac{m}{\sqrt{1 + Z^2\alpha^2/(n - \delta_L)^2}} \tag{2.23}$$

ここで，

$$\delta_L = L + \frac{1}{2} - \left[\left(L + \frac{1}{2}\right)^2 - Z^2\alpha^2\right]^{\frac{1}{2}} \tag{2.24}$$

また $n = 1, 2, 3, \cdots$，$L = 0, 1, \cdots n - 1$ である．
ディラック方程式の解は，

$$E_{nj}^{\rm D} = \frac{m}{\sqrt{1 + Z^2\alpha^2/(n - \delta_j)^2}} \tag{2.25}$$

ここで，
$$\delta_j = j + \frac{1}{2} - \left[\left(j+\frac{1}{2}\right)^2 - Z^2\alpha^2\right]^{\frac{1}{2}} \tag{2.26}$$

また $n = 1, 2, 3, \cdots$, $L = 0, 1, \cdots n-1$, $j = L \pm \frac{1}{2}$ かつ $j > 0$ である．

これらの表式で，シュレーディンガー方程式以外の相対論的運動方程式の固有エネルギーには静止質量 m が含まれていることに注意する．したがって，E_n^S と比較するべき量は，束縛エネルギー $E_{nL}^{KG} - m$，および，$E_{nj}^D - m$ である．また，相対論的な運動方程式を用いることによって得られる束縛エネルギーは，非相対論的なシュレーディンガー方程式を用いた場合の値と異なっており，その差は式 (2.22) と式 (2.23)，もしくは式 (2.25) を比較することにより，おおよそ，mZ^4 に比例することがわかる．また，式 (2.23) と式 (2.25) の比較より，相対論的なクライン–ゴルドン方程式とディラック方程式の間でも，粒子の持つスピンと軌道角運動量の結合状態によって束縛エネルギーに差が生じることがわかる．すなわち，質量 m の大きな粒子や，電荷 Z の大きな原子核の束縛状態を考察する場合には，相対論的な運動方程式を用いるべきである．

さて，ここではクライン–ゴルドン方程式の，点電荷クーロンポテンシャルに対する束縛状態の解析解についてやや詳しく記述しておこう．シュレーディンガー方程式やディラック方程式に対する解は，他の文献でよく説明されているので，ここではクライン–ゴルドン方程式で記述される中間子の肩を持つことにして，エネルギー固有値，波動関数，平均二乗半径の一般的な形を示す．

引力の点電荷クーロンポテンシャルを含むクライン–ゴルドン方程式 (2.20) および式 (2.21) は次の形をしている．

$$\left[\left(E + \frac{Z\alpha}{r}\right)^2 + \vec{\nabla}^2 - m^2\right]\phi(\vec{r}) = 0, \tag{2.27}$$

ここで α は，もちろん前の 2.1 節で述べた微細構造定数，Z は素電荷 e を単位としたときの点電荷の持つ電荷の大きさであり，水素様原子の場合を考えるのであれば元素番号そのものである．クライン–ゴルドン方程式は相対論的な運動方程式であるから，固有エネルギー E は当然静止質量 m を含んでいる．式 (2.27) で波動関数 $\phi(\vec{r})$ を，

$$\phi(\vec{r}) \equiv R(r)Y_{LM}(\hat{r}), \tag{2.28}$$

とおく．$R(r)$ は動径波動関数，$Y_{LM}(\hat{r})$ は量子力学でおなじみの球面調和関数

である．式 (2.28) を式 (2.27) に代入して整理すると，クライン–ゴルドン方程式は，非相対論的なシュレーディンガー方程式の動径方程式と同じ形に変形することができる．

$$\left[-\frac{1}{2m}\left(\frac{d^2}{dr^2}+\frac{2}{r}\frac{d}{dr}\right)+\frac{\lambda(\lambda+1)}{2mr^2}-\frac{Z\beta}{r}-\epsilon\right]R(r)=0, \tag{2.29}$$

ただし，ここで，次のような変数を定義している．

$$\lambda(\lambda+1) \equiv L(L+1)-Z^2\alpha^2,$$
$$\beta \equiv \alpha\frac{E}{m},$$
$$\epsilon \equiv \frac{E^2-m^2}{2m}. \tag{2.30}$$

また後に必要になる δ_L を $\delta_L \equiv L - \lambda$ と定義すると，

$$\delta_L = L + \frac{1}{2} - \left[\left(L+\frac{1}{2}\right)^2 - Z^2\alpha^2\right]^{\frac{1}{2}}. \tag{2.31}$$

と書くことができる．ここで，λ と δ_L は，$Z \to 0$ 極限において $\lambda \to L$ と $\delta_L \to 0$ になるように選ばれている．式 (2.29) はシュレーディンガー方程式と同じ形であるが，ここで 1 点注意しておくと，式 (2.29) の異なるエネルギー状態の固有関数は厳密には直交しない．これは，クライン–ゴルドン方程式 (2.27) と等価な非相対論的な運動方程式 (2.29) は固有エネルギー E をパラメータ β のなかに含んでおり，「固有エネルギーの値によって式 (2.29) のハミルトニアンが異なる」からである．

さて，量子力学の教科書でおなじみの手続きに従えば，動径波動関数 $R(r)$ を求めることができて，

$$R(r) \propto e^{-\frac{1}{2}\rho}\rho^\lambda F_{1,1}(\lambda+1-\Lambda; 2(\lambda+1); \rho), \tag{2.32}$$

となる．ここで，ρ と Λ は，

$$\rho \equiv \sqrt{8m|\epsilon|}r$$

$$\Lambda \equiv Z\beta\sqrt{\frac{m}{2|\epsilon|}}, \tag{2.33}$$

のように定義されている．また関数 $F_{A,B}$ は次の式で定義されている．

$$F_{A,B}(a_1, a_2, \cdots, a_A; b_1, b_2, \cdots, b_B; z) = \sum_{m=0}^{\infty} \frac{(a_1)_m (a_2)_m \cdots (a_A)_m}{(b_1)_m (b_2)_m \cdots (b_B)_m} \frac{z^m}{m!}, \quad (2.34)$$

ここで，

$$(a)_m \equiv \begin{cases} 1 & m = 0 \\ \prod_{i=1}^{m}(a+i-1) & m = 1, 2, \cdots \end{cases}. \quad (2.35)$$

である．式 (2.32) に現れる $F_{1,1}$ は合流型超幾何関数である．ここで，$R(r)$ に現れる ρ^λ のべき λ は $Z\alpha/(L+\frac{1}{2}) \to 0$ 極限でシュレーディンガー方程式の解と一致するように選ばれていることを注意しておく．

二乗可積分な動径波動関数を得るためには，合流型超幾何関数 $F_{1,1}$ のはじめの引数が 0 もしくは負の整数でなければならない．この条件より $\Lambda \geq \lambda + 1$ であり $\lambda = L - \delta_L$ に注意すると，

$$\Lambda = n - \delta_L, \quad n = 1, 2, \cdots \quad (2.36)$$

が得られる．この条件式から量子化された束縛状態の固有エネルギーが求められ，主量子数 n，軌道角運動量 L の状態の固有エネルギーはすでに式 (2.23) で紹介したとおり

$$E = \frac{m}{\sqrt{1 + Z^2\alpha^2/(n-\delta_L)^2}}. \quad (2.37)$$

となる．

波動関数の規格化定数および，平均二乗半径を求めるには，次の積分公式 [10] を利用することが便利である．

$$\int_0^\infty e^{-kz} z^{\nu-1} [F_{1,1}(-n; \gamma; kz)]^2 dz$$
$$= k^{-\nu} \Gamma(\nu) \sum_{m=0}^{\infty} \frac{(-n)_m (\nu)_m}{(\gamma)_m m!} F_{2,1}(-n, \nu+m; \gamma; 1), (2.38)$$

ここで，$F_{2,1}$ は式 (2.34) で定義された超幾何関数である．量子数 (n, L) を持つ状態の波動関数に対する規格化定数 N は計算すると

$$N = \frac{k_{nL}^{(2\lambda+3)/2}}{\sqrt{\Gamma(2\lambda+3)}} \left[\sum_{m=0}^{n-L-1} \frac{(L+1-n)_m(2\lambda+3)_m}{(2\lambda+2)_m m!} \right]^{-1/2}$$
$$\times [F_{2,1}(L+1-n, 2\lambda+3+m; 2\lambda+2; 1)]^{-1/2}, \quad (2.39)$$

となる．ここで，k_{nL} は，

$$k_{nL} \equiv \sqrt{8m|\epsilon_{nL}|}. \quad (2.40)$$

で定義されている．また，量子数 (n, L) の状態に対する平均二乗半径も計算することができて，$n = L + 1$ を満たすイラスト状態 ($1s, 2p, 3d, \cdots$) に対する具体的な結果は次のように書くことができる．

$$\sqrt{<r^2>} = \sqrt{\frac{(n-\delta_L)^2 + Z^2\alpha^2}{4Z^2\alpha^2 m^2}(2L+4-2\delta_L)(2L+3-2\delta_L)}. \quad (2.41)$$

ここで，$Z\alpha > L + \frac{1}{2}$ の場合に点電荷クーロンポテンシャルに対するクライン-ゴルドン方程式の解は固有エネルギーが複素数になることを注意しておこう．これは δ_L が複素数になるためである．これより，s 状態の場合には $Z \geq 69$ の核に対して，原子核の有限の大きさを考えなければ安定な束縛状態が存在しないことが示唆される[2]．点電荷クーロンポテンシャルに対して，固有エネルギーが実数の場合に，原理的に最も深く束縛された s 状態の固有エネルギーと平均二乗半径は，$Z\alpha = \frac{1}{2}$ とおくと，

$$E = \frac{m}{\sqrt{2}},$$

$$\sqrt{<r^2>} = \sqrt{\frac{3}{m^2}}. \quad (2.42)$$

となる．また，この状態の束縛エネルギーは，静止質量 m を用いて，$B = m - E = \frac{2-\sqrt{2}}{2}m$ と表すことができる．

---

[2] 実際の中間子束縛系に対しては，原子核の持つ有限の電荷密度分布のために，この条件は単純に適用されない．また，フェルミオンに対するディラック方程式の解に対しては，この条件は $Z \geq 138$ である．

第3章 ハドロン物理学の面白さ

　この章では，ハドロン物理学研究の背景や面白みなどを説明した後，本書の内容に関連した代表的な軽いハドロンの性質や，中間子–原子核系の研究で現れる重要な関係式をいくつか紹介したい．

　ハドロン物理学に関しても多くの優れた総説論文や教科書が存在する．この章の説明は「おはなし」なので気楽に読んでいただければよいが，系統的にハドロン物理学を理解するためには，ぜひ，しっかりした文献を勉強してほしい．本書の内容に関連が深い文献としては [3, 11, 12] などが挙げられる．

3.1 物質の階層構造と強い相互作用の支配する世界

　すでに述べたように，「ハドロン」とは強い相互作用をする粒子の総称であって陽子，中性子，中間子などが含まれる．これらは，いわゆる素粒子ではなくクォークとグルーオンからできていることがすでに知られている．すなわち，単純な要素還元論的に「より小さな粒子の探索を目指す」意味で興味を持たれる対象ではないのであるが，現在でも数多くの研究がなされている．これらの研究の動機や背景などを概観したい．

　身の周りにある物質を構成する微小な粒子（構成要素）の探求は，分子 → 原子 → 原子核 → ハドロン（陽子，中性子，中間子，など）→ クォークと進み，現在，多くの研究者に認められている「素粒子の標準模型」においては，身の周りの物質を構成する素粒子はクォークと電子である．クォーク同士がグルーオンを介して相互作用することにより陽子や中性子を形成し，それらが束縛して原子核となる．さらに光子を介した電磁相互作用によって電子が加わることにより原子や分子が出来上がっているわけだ．まず，この物質の階層構造が，大きな2つの領域に分けられて，その間に「階層間の断絶」が存在することを理

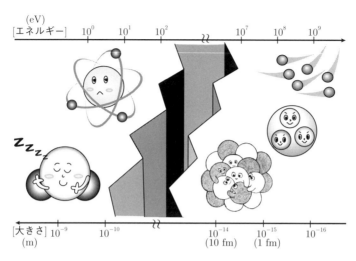

図 3.1 物質の階層構造と階層間の断絶の概念図．作画は池野なつ美 氏（一部 宮谷萌希 氏）による．図中のキャラクターはそれぞれ，分子，原子，原子核，ハドロン，クォークを表現することを目指している（口絵 1 参照）．

解することが重要である．この断絶は，原子の階層と原子核の階層の間に存在する．「原子よりも大きいサイズ」の階層と「原子核よりも小さいサイズ」の階層の間の断絶は，中心的に働く相互作用，典型的な系のスケールなどから明確に見ることができる．まず，系の空間的な大きさに関しては，原子や分子はおおよそ 10^{-10} m 程度の大きさであるが，原子核はそれよりも 4～5 桁ほど小さい $10^{-14} \sim 10^{-15}$ m 程度の大きさである．陽子や中性子は原子核の構成粒子であるが，その大きさは 10^{-15} m 程度であり原子核の大きさと 1 桁も違わない．つまり，原子と原子核の間にだけ空間的な大きさに明確な断絶がある．また，典型的なエネルギーのスケールも同様で，原子や分子の反応などで典型的に現れるエネルギースケールは 10^0 (=1) eV 程度の大きさであるが，原子核やハドロンの反応では 10^6 eV が典型的なスケールである．ここからも，原子と原子核間の階層の断絶は明らかである．これらは，粒子間に働く相互作用の違いが理由であることがわかっている．原子や分子の世界は電磁相互作用が支配する世界，つまり QED の世界ということができる．一方，これに比べて，原子核–ハドロンの世界では，最も強く働く力は QCD で記述される強い相互作用である．強い相互作用は短距離力であるために，原子や分子ほどの巨大な系においては完全にその効果を無視することができて，原子より大きい系では電磁相互作用

が中心的に働くためである．

　分子–原子の階層と，原子核–ハドロンの階層の間に存在する 4〜5 桁程度の差というものが極めて大きいものであることを実感しておくことは重要であろう．例えば，大相撲の力士達は人類全体の中でも最重量級の人間たちの集団であると思うが，その体重はおおよそ 100〜200 kg の範囲に分布しており，生まれたての新生児の体重とわずか 50 倍ほどしか違わない．つまりその差は 2 桁未満である．また，海外渡航に一般的に使われるジェット旅客機の速度は，大雑把に 1000 km/hour 程度であって，通常の歩行速度と 250 倍ほどしか違わないのである．ポケットに入っている金額が 10 円だけのときと 100 万円のとき[1]の気分の違いが「5 桁」の効果であると言うのは下世話な言い方ではあるが，気分がだいぶ違うことは実感できるであろう．さて，この「階層間の断絶」の意味することが何かというと，お互いの階層での事象がほとんど独立で無関係であるということである．すなわち，我々が身近に接している世界には，我々が日常的に知覚できる QED の世界の他に，我々が感覚的には知覚できない QCD の支配する世界が同時に並行して存在しているのだ．その見えないもう 1 つの世界を探るのが，ハドロンや原子核などの強い相互作用が支配する系における物理学である．

　「事象が独立で無関係である」という表現に関して少し補足しておこう．例えば，原子や分子の世界における化学反応などの事象を考えた場合に，原子核の存在は，その大きな質量と電荷（陽子数）のみが重要であって「電子よりもはるかに重い点状の正電荷」以上の意味を持たない．これは，空間的な大きさがまったく異なることに加えて，典型的なエネルギーが大きく異なるためである．もしも，それぞれの階層における事象（様々な反応など）に要するエネルギーが近ければ，原子分子の化学反応のエネルギーを原子核が吸収して励起状態になる可能性が出てくる．その場合，原子分子と原子核の事象は独立ではなくて相互に複雑に関係することになる．実際には，原子分子の事象でやりとりされるエネルギーが原子核にとっては小さすぎて，原子核はまったく変化せずに量子力学的な状態が変わらないため，原子核とのエネルギーのやりとりは起こらない．このような事情から，周期律表に現れる元素記号においては，陽子数（= 原子核の電荷）のみが原子核の重要な性質として扱われるのだ．ご存知のように，原子核の正電荷の大きさが中性原子における電子の個数を決定し，

---

[1] 大きめのポケットを考えてほしい．通常は持ち歩かないほうが安全であろう．

電子の個数が元素の化学的な特性を決定するのであるから当然と言える．また，同じ理由から周期律表において，原子核同位体（陽子数は同じで中性子の数のみが異なる原子核）の扱いが控えめなのもやむを得ないだろう．一方，原子核やハドロンの立場からすれば，分子や原子における事象で最も重要な自由度である電子の存在は霞のようなものであって，何も存在しないのにほとんど等しい．電子はハドロンに比べれば非常に軽く，原子や分子を構成している状態では電子の持つエネルギーも小さいので，原子核やハドロンの反応に影響は与えないのである．以上が「事象が独立である」と表現した内容であり，原子分子の階層と原子核より小さい階層における事象は，少数の例外を除いてほとんど独立で無関係であるということである[2]．このため，原子核は孤立有限量子多体系のように呼ばれることもある．

原子分子の階層における多体系が織りなす複雑な現象の研究は，広い意味での物性物理学と呼ぶことができると思うが，原子核などのハドロン多体系が強い相互作用によって織りなす現象の研究は，強い相互作用の物性物理学と称することもできるかもしれない．もちろんアボガドロ数くらいのハドロンが強い相互作用で相互に影響を与えるようにコンパクトに集まった系は，中性子星など極めて例外的な環境にしか存在しないが，ハドロン間の強い相互作用が複雑な分だけ，QEDの物性系よりも複雑な性質を持つだろうと予想できる．このような興味が原子核を含むハドロン多体系の研究の面白みの根本にあって，単純な要素還元論的な議論とは異なる部分である．荷電粒子の運動に関するQEDの計算が十分精度よく実行できても物性物理学が廃れないのと同様に，強い相互作用によるハドロン多体系の性質も興味深い点が数多く残されていると期待される．

3.2　クォークの世界とハドロンの世界

クォークの階層とハドロンの階層の間の関係もまた非常に興味深い．まず，はじめにクォーク間の相互作用とハドロン間の相互作用の関係について直観的に考えてみよう．現代的な教科書には，強い相互作用とはグルーオンが媒介す

---

[2] もちろん原子核やハドロンが何らかの反応を起こし変化した場合には，原子や分子の構造もそれに合わせて変化する．例えば，不安定な原子核がβ崩壊した場合，原子を構成する電子の感覚では原子核の電荷が突然変化したと感じ，新たな核の電荷に対応した量子力学的な準位への遷移を余儀なくされる．

るクォーク間に働く力でQCDで記述されるものである，と書いてある一方，原子核を形成するために必要な強い相互作用（いわゆる核力）は核子間に働く力で中間子によって媒介される，とも言われる．これら「2つの強い相互作用」の関係は，基本的な荷電粒子間の電磁相互作用と原子間に働いて分子を形成するために必要な原子間力の関係に例えられることが多い．基本的な電磁相互作用はQEDで記述されてゲージ場の量子論の枠組みで表されるが，現象論的に得られた原子間力は一般に複雑な形をしている．これはQEDの相互作用が光子を交換することによって生じる素粒子間の相互作用であるのに対して，原子間の力の起源は原子の構造に関係しているからである．つまり，電気的に中性な原子間には単純なクーロン力は働かないが，原子間の距離を変化させたときに対峙した原子の構造に変化が生じることにより原子間のポテンシャル（位置エネルギー）が生まれる．別の言い方をすれば，中性原子間の相互作用は内部構造を持つ原子の間でQEDの相互作用が滲み出た結果として生じるものである．ハドロン間の相互作用に関しても概念的には同様に考えられており，ハドロン間の強い相互作用は内部構造を持つハドロンの間でQCDの強い相互作用が滲み出ていると考えられる．原子間力の場合に，原子間の距離が小さくなれば互いの電子をやりとり（もしくは共有）するような構造が生じる場合があるように，ハドロン間で内部のクォークをやりとりするような過程が，傍目にはクォークと反クォークからできている中間子交換として見えるという解釈もできそうである[3]．これはあくまで定性的な「おはなし」であるが，QCDから直接核力などのハドロン間ポテンシャルを導出する研究は，現在，格子QCD理論による大規模数値計算を用いて進展中である．一方，多くの実験結果を基礎にして得られた，核子間の相互作用を記述する現象論的ポテンシャルも知られている．代表的なものもいくつかあるが，2核子系の実験結果を十分再現するために，原子間ポテンシャル同様，複数のパラメータを導入した複雑な形をしている．

　さて強い相互作用の基礎的理論であるQCDを記述するゲージ場の理論のラグランジアン密度は，

$$\mathcal{L}_{\mathrm{QCD}} = -\frac{1}{4}G^a_{\mu\nu}G^{a\mu\nu} + \sum_f \bar{q}_f(i\slashed{D} - m_f)q_f \tag{3.1}$$

と書かれ，非常にすっきりした形をしている．ここで，フレーバー f のクォー

---

[3] 単体のクォークが取り出せないという「閉じ込め」を知っていれば，1つのクォークが交換する過程が禁止されるということも想像できるであろう．

クを表すフェルミオン場 q_f と，グルーオンを表すゲージ場 A_μ^a の間の相互作用は，共変微分 D_μ の項に含まれている．

$$D_\mu q_f = (\partial_\mu - igA_\mu)q_f, \quad A_\mu = \frac{\lambda^a}{2}A_\mu^a \tag{3.2}$$

この形式で導入される相互作用はゲージ変換の不変性を持ちゲージ相互作用と呼ばれる．ゲージ相互作用を導入した場の理論はゲージ場の理論と呼ばれ，素粒子標準理論の基礎をなしている．QED との相違点はゲージ群が非可換であることであり，QCD のゲージ対称性 SU(3) に対応する生成子 λ^a（ゲルマン (Gell–Mann) 行列）が式 (3.2) 中に現れている．さらに式 (3.1) の右辺第 1 項中のテンソル $G_{\mu\nu}^a$ は，

$$G_{\mu\nu}^a = \partial_\mu A_\nu^a - \partial_\nu A_\mu^a + gf^{abc}A_\mu^b A_\nu^c \tag{3.3}$$

と定義されて，ゲージ場に関して 2 次の項 $A_\mu^b A_\nu^c$ を含んでいる．f^{abc} は生成子 λ^a の間の交換関係で定まる構造定数である．この項の存在により，式 (3.1) の右辺第 1 項は，ゲージ場の自己相互作用を表す A_μ^a の 3 次の項と 4 次の項を含むことになる．QED のゲージ場である光子には自己相互作用は存在しない．式 (3.1) の右辺第 1 項は，ゲージ場の自由な運動を記述する項で QED における真空中のマックスウェル方程式に対応する部分である．

　式 (3.1) で記述される QCD の世界と，クォークやグルーオンの複合粒子であるハドロンの世界のつながりを理解することは，単純な要素還元論を超えた深い内容を含んでいる．ここでの重要な認識は「真空が構造を持ちうる」ということであろう．日常的に使用する「真空」の言葉の意味は「空気が存在しない」ことであり，図 3.2 の左側に示したような，静寂が支配する動きのない空間のイメージではないだろうか．ところが場の理論の真空は少し違う．式 (3.1) などの場の理論のラグランジアンに含まれる場は，その場に対応する粒子の状態を記述する基底関数系（完全系）と，その各状態の粒子を生成消滅する演算子で書かれている場の演算子であって，粒子の生成消滅を司る．この場の演算子には第 2 量子化の手続きによって（反）交換関係が課されていて，量子力学でおなじみの不確定性を持っており，バーチャルな粒子の存在を許すのである．これにより，図 3.2 の右側に示したように，場の理論の真空はバーチャルな粒子が生成消滅を繰り返すザワザワとした落ち着きのないイメージを持つ空間となる．真空とはこのザワザワした空間の「最低エネルギー状態」であり，粒子間

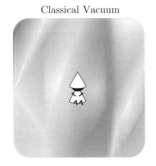 

図 3.2 左図：通常考えられる真空のイメージ図．静寂で動きのない世界である．右図：場の理論で考えられる真空のイメージ図．粒子の生成消滅が繰り返されるザワザワした落ち着きのない世界である．作図は永廣秀子氏による．

の相互作用の強さや性質によっては，真空が単純でない構造を持つ可能性がある．これが「真空が構造を持つ」という言葉の直観的な意味である．

式 (3.1) で記述される強い相互作用の働く QCD の世界では，密度や温度といった環境に応じて真空の構造が変化して，「クォークの閉じ込め」や「カイラル対称性の自発的な破れ」が生じていると考えられている．「クォークの閉じ込め」とは，QCD の相互作用に現れるカラー電荷を持ったクォークやグルーオンが，決して単体で観測されないことを意味しており，強い相互作用に特徴的な性質である．繰り返し実験的な検証がなされているが，閉じ込めが破れた確かな例は報告されていない．一方，QCD において重要なカイラル対称性は，（軸性）カイラル変換[4]，

$$q \to q' = e^{i\gamma_5 \theta} q \tag{3.4}$$

に対してラグランジアン密度が不変なことを意味しており，式 (3.1) のラグランジアン密度は，クォークの質量 m_f が 0 のときにカイラル対称性を持っている．ヒッグス機構によってクォークが有限の質量 m_f を持つために，QCD ラグランジアンのカイラル対称性は厳密には破れているが，QCD ラグランジアンのなかでも軽い u, d, s クォークを記述する部分は，近似的なカイラル対称性を持っていると考えられる．しかし，このカイラル対称性が本当に成り立っていれば，あるエネルギー固有値を持つ QCD の固有状態が存在した場合に，同じエネルギーで反対のパリティを持つ固有状態が存在しなければならないことが示されている．QCD の固有状態はハドロンと考えられ，そのエネルギーは質

---

[4] 1 フレーバーフェルミオンの場合．フレーバー数が多い場合の議論は少し複雑になる．

量である.すなわち,パリティが逆で同じ質量のハドロンの存在が予言されることになる.このような対になって同じ質量を持つハドロンをカイラルパートナーと呼ぶが,同じ質量を持つパートナーは実際に観測されたハドロンには存在していない.さらに,典型的なハドロンに比べて異様に軽い π 中間子の存在も不思議である.これらの謎を同時に解決するシナリオとして,ハドロンの世界ではカイラル対称性の自発的破れが生じていると考えられている.対称性の自発的な破れは広く一般的に重要な概念であって,ラグランジアンが持っている対称性を系の基底状態(= 真空)が破ることを意味している.

すなわち,陽子や中性子をはじめとするハドロンや,それらが束縛した原子核が存在する我々の世界における QCD の真空では,QCD ラグランジアンの持つ近似的なカイラル対称性が自発的に破れていると信じられている.このような「対称性の破れた真空」においては,カイラル不変でない演算子 $\bar{q}q$[5] の真空期待値 $\langle \bar{q}q \rangle$ が有限の値を持ち,$\langle \bar{q}q \rangle \neq 0$ である.これは,クォーク–反クォーク対が凝縮した状態を表している.つまり,QCD のザワザワした真空は,クォークと反クォーク対が凝縮した状態のほうが,凝縮していないときよりもエネルギーが低いと考えられているのである.現在では,これに軸性 $U_A(1)$ 量子異常と呼ばれる効果を考慮することにより,質量をはじめとした軽いハドロンの真空中での性質を理解することが可能であると信じられている [3].

第 1 章の図 1.2 は,この対称性の破れのパターンと中間子の質量生成の関係を表している.すなわち,クォークの階層とハドロンの階層の間をつなぐ研究は,真空の構造変化の研究であると言うこともできるだろう.そしてさらに面白いことは,QCD の真空の構造は密度や温度などの環境によって変化すると考えられていることである.つまり,環境を変えれば真空が変わり,真空が変わればハドロンが変わる.そうであるならば,様々な環境下におけるハドロンの性質を研究することは QCD の真空の構造変化を研究することに他ならず,中間子–原子核系の研究は有限密度における QCD 真空の構造を知るための研究であるとも言える.

最後に,有効場の理論に関して言及しておこう.QCD のラグランジアンを用いて,直接,核力などのハドロン階層の相互作用や現象を記述することは大変難しく,格子 QCD 理論による大規模数値計算を駆使した研究が進められていると先に書いた.この直接的な方法とは異なるアプローチとして,有効場の

---

[5] この演算子は質量項と同じ形をしていてカイラル不変ではない.

理論を用いた方法も広く用いられている．この方法は，QCDラグランジアンと同じ対称性を満たす，最も一般的な**ハドロン自由度のラグランジアン**を用いることによって，ハドロンに関する低エネルギーの有効理論が構築できる可能性がある，という考えに基礎をおいている [13]．具体的には，カイラル対称性の要請を満たすように構築された，線形および非線形のシグマ模型などが有名である．これらのラグランジアンを用いれば，摂動展開も含めてハドロン自由度を用いた場の理論を展開できて，実際の観測量を計算することができる．本書で取り上げる中間子と原子核からなる系の研究には，4.2.1項で説明するように，原子核中での中間子の性質を表す自己エネルギーが必要であるが，これも有効場の理論に含まれるハドロン間の相互作用を用いて評価することができる．

3.3 代表的な軽いハドロンの基本的な性質

ここでは，本書で取り上げる代表的な軽いハドロンの性質をまとめておこう．まず，本書で考えている中間子は，主に，π中間子を含む軽い中間子である．スピンパリティは$J^P = 0^-$であり，擬スカラー中間子と呼ばれる．表3.1にこれらの中間子の基本的な性質をまとめてある [6]．いわゆる，湯川中間子として有名なπ中間子はこれらの中でも最も軽く，およそ140 [MeV]の質量を持つ．強い相互作用に対しては安定であり，荷電π中間子は弱い相互作用で，中性π中間子は電磁相互作用でそれぞれ崩壊する．これらはアイソスピン対称性の3重項をなしている．π^-中間子は，5.1節で見るように，主に電磁相互作用の引力によって原子核に束縛されてπ中間子原子を形成し，その構造から原子核との強い相互作用の効果を研究することができる．

ストレンジネス$s = \pm 1$を持つ4つのK中間子は，2組のアイソスピン2重項をなしている．これらはストレンジネスを持つ中間子の中で最も軽いものである．さらにアイソスピン1重項で電気的に中性なη中間子が2つ存在する．このうち軽いほうのη中間子は，K中間子と同程度の質量を持つが，重いほうの$\eta(958)$中間子は「軽い擬スカラー中間子」の1つとするには目立って重いことがわかる．これらの質量スペクトラムは，第1章の図1.2で示されたとおり，強い相互作用の対称性の様相と深く関係していると考えられている．5.2節で見るようにK^-中間子と原子核との相互作用は，電磁相互作用も強い相互作用もともに引力であり，中間子原子と中間子原子核の両方の束縛状態が存在する．

表 3.1 代表的な軽いハドロンの基本的な性質 [6]. 実験誤差の大きさなどを考慮した, より正確で詳細なデータは文献 [6] を参照のこと.

中間子 (Meson)	質量 [MeV]	電荷	J^P
$\pi^{\pm}$	139.57	± 1	0^-
π^0	134.98	0	0^-
$K^{\pm}$	493.68	± 1	0^-
$K^0, \bar{K}^0$	497.61	0	0^-
η	547.86	0	0^-
$\eta(958)$	957.78	0	0^-
ρ	775.3	$0, \pm 1$	1^-
ω	782.7	0	1^-
ϕ	1019.5	0	1^-

重粒子 (Baryon)	質量 [MeV]	電荷	J^P
p (陽子)	938.27	$+1$	$\frac{1}{2}^+$
n (中性子)	939.57	0	$\frac{1}{2}^+$
Λ	1115.68	0	$\frac{1}{2}^+$
Δ	1232	$+2, +1, 0, -1$	$\frac{3}{2}^+$
$\Lambda(1405)$	1405	0	$\frac{1}{2}^-$
$N(1535)$	1535	$+1, 0$	$\frac{1}{2}^-$

η 中間子と $\eta(958)$ 中間子は電気的に中性であって, 強い相互作用のみによって原子核に束縛されると期待されている. η 中間子と核子は $N(1535)$ バリオン共鳴と強く結合するために, η 中間子原子核は, 原子核中における $N(1535)$ 共鳴を研究するためにも有用であると考えられている. また, $\eta(958)$ 中間子は, 軸性 $U_A(1)$ 量子異常の効果で例外的に重いと考えられているので, 原子核中での質量変化も他の中間子より大きいかもしれない. η 中間子と $\eta(958)$ 中間子の束縛状態に関しては 5.3 と 5.4 節で説明されている.

次に, ベクトル中間子のスピンパリティは $J^P = 1^-$ であり, ここでは, ρ, ω, ϕ の 3 つの中間子を紹介しておく. ベクトル中間子に対してはレプトン対にも崩壊することから, 核内崩壊で射出されたレプトン対の不変質量分布を観測することにより, QCD 和則で予言された質量減少 [14] を実証する試みが行われた. ρ 中間子と ω 中間子は質量が近いためにそれぞれの寄与をどのように取り扱うかが大きな問題であった [15]. また, 文献 [16] では, ϕ 中間子が崩壊して射出された e^+e^- 対の観測からは質量の減少が観測されたと報告されている. さらに, 原子核中で生成された ϕ 中間子が核外へ射出される確率の測定から, 原子核中による ϕ 中間子吸収の強さも報告されている [17].

バリオン (重粒子) に関しては, 質量の最も軽いバリオン 3 つと, 中間子–

核子の系に強く結合するバリオン3つを挙げておいた．それぞれ，Δ は πN，$\Lambda(1405)$ は $K^- p$，$N(1535)$ は ηN の中間子–核子チャンネルと強く結合しており，原子核中に中間子を入れることによって，核内におけるバリオン共鳴の性質を研究できる可能性がある．核内におけるバリオン共鳴の性質は，有限密度中で部分的に回復するカイラル対称性がバリオンにどのように影響するか理解するうえで重要である．カイラル対称性と，励起状態も含めたバリオンの性質の関係を知ることによりバリオンの構造の理解が深まると期待される．例えば，$N(1535)$ 共鳴は核子と逆のパリティ $J^P = \frac{1}{2}^-$ を持つバリオンの中で核子に最も質量が近く，核子のカイラルパートナーの候補である．カイラルパートナーの質量はカイラル対称性が回復した場合には等しくなる（縮退する）と考えられているので，有限密度中で $N(1535)$ 共鳴の質量を知ることも大変興味深い．

3.4 中間子–原子核系の研究で現れる関係式

本節では，中間子–原子核系の研究で現れる重要な関係式を，いくつか紹介しておこう．これらは，5.1節において π 中間子原子の観測量から，カイラル対称性の部分的回復の議論をする際にも用いられる [1]．

QCDラグランジアンの式 (3.1) は，クォークの質量 m_f が0のときにカイラル対称性と呼ばれる対称性を持つ．実際には，ヒッグス機構によってクォークは有限の質量を持っているが，軽い u, d, s クォークに対してはカイラル対称性は近似的に保たれている．温度や密度などが低い状態では，カイラル対称性はクォーク質量による破れに加えて自発的にも破れていて，それに伴って南部–ゴールドストーンボソンが現れる．ハドロンとしては質量が顕著に小さい π 中間子などの擬スカラー中間子を，この南部–ゴールドストーンボソンと同一視することによって，これらの中間子とバリオンの相互作用に関して理論的な予言をすることができる．このような予言は低エネルギー定理と呼ばれ，低エネルギーのハドロン物理学において重要な役割を果たす．

π 中間子と核子の S 波散乱における散乱振幅に関する低エネルギー定理は友沢 [18] とワインバーグ (Weinberg) [19] により研究され，アイソスピン対称性に対してスカラー（アイソスカラー）な散乱振幅 $T^{(+)}$ とベクトル（アイソベクトル）な散乱振幅 $T^{(-)}$ は運動エネルギー0の極限で次のように書けることが知られている．

$$T^{(+)} = 4\pi\varepsilon_1 b_0 = 0 \tag{3.5}$$

$$T^{(-)} = -4\pi\varepsilon_1 b_1 = \frac{m_\pi}{2f_\pi^2} \tag{3.6}$$

ここで，荷電 π 中間子に対して $\varepsilon_1 = 1 + \frac{m_\pi}{M} = 1.149$ であり，π 中間子の崩壊定数 f_π の大きさは，π 中間子の μ 粒子への崩壊過程 $\pi^+ \to \mu^+\nu_\mu$ の観測から $f_\pi = 92.4 \pm 0.3 [\text{MeV}]$ である [11,20]．友沢–ワインバーグ関係式 (3.5)，(3.6) にこれらの値を代入すると，

$$b_0 = 0 \tag{3.7}$$

$$b_1 = -0.08 \; m_\pi^{-1} \tag{3.8}$$

となる．この b_0 と b_1 は，後に説明される πN 散乱振幅式 (4.43) および π 中間子–原子核光学ポテンシャル式 (5.4) に現れるものと同じパラメータである．現実の π 中間子–核子の S 波散乱の散乱長は，陽子の π 中間子原子（μ 中間子水素）の分光学的観測から精密に決定されている．π 中間子–水素の $1s$ 状態の強い相互作用によるエネルギー変位と幅より，

$$b_0 = (-0.1 \, {}^{+0.9}_{-2.1}) \times 10^{-3} \; m_\pi^{-1} \tag{3.9}$$

$$b_1 = (-88.5 \, {}^{+1.0}_{-2.1}) \times 10^{-3} \; m_\pi^{-1} \tag{3.10}$$

という値が得られている [21]．これは，友沢–ワインバーグ関係式 (3.5)，(3.6) が現実に非常によく成り立っていることを示している．

さて，カイラル対称性の自発的な破れによって生じる南部–ゴールドストーンボソンの質量は本来 0 である．現実世界の π 中間子が，ハドロンとしては小さいながらも 140 MeV 程度の質量を持っているのは，クォークがヒッグス機構によって小さいながらも質量 m_f を持ち，式 (3.1) の QCD ラグランジアンのカイラル対称性をはじめからわずかに破ってしまうためであると考えられる．このため，直観的には π 中間子質量とクォーク質量の間に関係がつくことが期待される．実際に，ゲルマン–オークス–レナー (Gell-Mann-Oakes-Renner(GOR)) 関係式と呼ばれる次の関係式が成り立つことが示されている [22]．

$$m_\pi^2 f_\pi^2 = -m_q \langle \bar{u}u + \bar{d}d \rangle_0 \tag{3.11}$$

ここで，添字の 0 は真空中での期待値であることを表しており，クォーク質量

m_q はアイソスピンで平均した値 $m_q = \dfrac{m_u + m_d}{2}$ である．この関係式は非常に興味深い式になっていて，左辺は π 中間子を用いて実験的に得られる量のみで書かれているが，右辺は逆に QCD ラグランジアン中のクォークの質量と真空中でのクォーク凝縮，つまり，ハドロンの実験からは直接得られない量のみで書かれている．クォーク凝縮は，QCD の真空においてカイラル対称性の自発的な破れが生じているかどうかを判断することのできる量「秩序変数（オーダーパラメータ）」として知られているが，式 (3.11) は π 中間子の観測を通じて秩序変数の大きさを決定し，カイラル対称性の自発的な破れの様子を知ることができると主張しているのだ．

カイラル対称性の自発的な破れが環境とともにどのように変化するかも理論的に研究されており，密度 ρ や温度 T の増加とともに対称性が回復する方向に変化すると考えられている [23, 24]．有名な南部–ヨナラシニオ (Jona-Lasinio) 模型による計算では標準核密度 $\rho_0 = 0.17$ fm^{-3} において，クォーク凝縮が約 30%減少してカイラル対称性が部分的に回復するという結果が出ている．また，π 中間子–核子のいわゆるシグマ項を用いて表せば，

$$\frac{\langle \bar{u}u + \bar{d}d \rangle_\rho}{\langle \bar{u}u + \bar{d}d \rangle_0} \approx 1 - \frac{\sigma_N}{m_\pi^2 f_\pi^2}\rho \approx 1 - 0.35 \frac{\rho}{\rho_0} \qquad (3.12)$$

となる．ここで ρ_0 は標準核密度であって，π 中間子–核子シグマ項の大きさは，

$$\sigma_{\pi N} \approx 45 \text{ MeV} . \qquad (3.13)$$

を使った [25]．つまり，式 (3.12) では，標準核密度におけるクォーク凝縮は真空での値に比べて約 65%の大きさに減少していると見積もられている．

さて，この有限密度におけるクォーク凝縮の変化が真実かどうか実証するにはどうしたらよいだろうか？検討の結果，以下に説明するように，π 中間子–原子核相互作用の S 波部分のアイソベクトル項を利用する方法が考え出された [1, 26, 27]．これには，π 中間子崩壊定数が密度 ρ の増加とともに $f_\pi \to f_\pi^*(\rho)$ のように変化すること，および，式 (3.11) の GOR 関係式が有限の密度の環境下でも次のように成り立つことを利用する [28, 29]．

$$m_\pi^{*\,2} f_\pi^*(\rho)^2 = -m_q \langle \bar{u}u + \bar{d}d \rangle_\rho \qquad (3.14)$$

ここで，$\langle \bar{q}q \rangle_\rho$ は密度 ρ におけるクォーク凝縮を表し，m_π^* は有限密度中での π

中間子の質量で，正電荷を持つ π^+ 中間子と 負電荷を持つ π^- 中間子の質量の平均値である [23, 24, 29]．

$$m_\pi^* = \frac{m_{\pi^-}^* + m_{\pi^+}^*}{2} \sim m_\pi + 3 \text{ MeV} \tag{3.15}$$

π 中間子の質量は，原子核との相互作用の S 波部分を含むが，正負の電荷を持つ π^+ と π^- 中間子で平均をとるために変化は小さい．また，クォーク質量 m_q はヒッグス機構によって生成された質量であり，QCD の真空構造が変化する温度や密度の領域では変化しないと考えられる．すると，有限密度におけるカイラル対称性の自発的破れに対する秩序変数 $\langle \bar{q}q \rangle_\rho$ を観測量から決定するのに必要なのは式 (3.14) の左辺にある $f_\pi^*(\rho)$，すなわち原子核内部のような有限密度の場所における π 中間子の崩壊定数である．しかし，原子核内部における π 中間子の弱崩壊の直接測定は，ほぼ不可能であろう．π 中間子は強い相互作用をするハドロンなのだ！核子との相互作用の効果に弱崩壊のシグナルは完全に隠されてしまう．しかしながら幸いにも我々には，友沢–ワインバーグの関係式 (3.6) がある．この式では，強い相互作用に関する物理量である πN 散乱振幅が，π 中間子の弱崩壊と関係していることが示されている．さらに，この関係式が有限密度の系でも成り立つことが最近議論されている [30]．これより，真空中のアイソベクトル散乱長 b_1^{free} に加えて，π 中間子–原子核系を利用して有限密度 ρ でのアイソベクトル散乱長 $b_1^*(\rho)$ を決定することができれば，それらから次式で密度による π 中間子崩壊定数の変化を導くことができる．

$$\frac{b_1^{\text{free}}}{b_1^*(\rho)} \sim \frac{f_\pi^{*2}(\rho)}{f_\pi^2} \tag{3.16}$$

これより GOR 関係式 (3.11) と式 (3.14) を用いてクォーク凝縮の密度依存性を，観測可能量より導出することができると期待される．

さて，最後に慈道氏らによる最近の研究結果を紹介しよう．慈道氏らは文献 [31] において模型に依存しないカイラル凝縮に関する定式化を導出しており，低密度領域において関係式

$$\langle \bar{q}q \rangle_\rho = -f_\pi^t Z_\pi^{*1/2} \tag{3.17}$$

および，

$$\left(\frac{f_\pi^t}{f_\pi} \right) \left(\frac{Z_\pi^*}{Z_\pi} \right)^{1/2} = \frac{\langle \bar{q}q \rangle_\rho}{\langle \bar{q}q \rangle_0} \tag{3.18}$$

が成り立つことを示した.ここで, f_π^t は有限密度におけるπ中間子崩壊定数の時間成分, $Z_\pi^{1/2}$ と $Z_\pi^{*\,1/2}$ は真空中および有限密度中におけるπ中間子波動関数繰り込み定数である.この関係式は密度 0 においては,グラショウ–ワインバーグ (Glashow-Weinberg) 関係式 $f_\pi Z_\pi^{1/2} = -\langle \bar{q}q \rangle$ [32] と矛盾しない.また,波動関数繰り込み定数は密度の関数として,

$$\left(\frac{Z_\pi^*}{Z_\pi}\right)^{1/2} \approx 1 - \gamma \frac{\rho}{\rho_0} < 1 \tag{3.19}$$

のように振る舞い $\gamma \approx 0.184$ と見積もられている [31].有限密度中でアイソベクトル散乱長とπ中間子崩壊定数が,

$$b_1^*(\rho) = -\left[4\pi\left(1 + \frac{m_\pi}{M}\right)\right]^{-1} \frac{m_\pi}{2 f_\pi^{t\,2}} \tag{3.20}$$

のように関係づけられることから,結局,クォーク凝縮が $b_1^*(\rho)$ を使って

$$\frac{\langle \bar{q}q \rangle_\rho}{\langle \bar{q}q \rangle_0} \approx \left(\frac{b_1}{b_1^*(\rho)}\right)^{1/2} \left(1 - \gamma \frac{\rho}{\rho_0}\right) \tag{3.21}$$

のように書かれることがわかる [31].この表式を用いても,有限密度中でのアイソベクトル散乱長から,クォーク凝縮の値を評価することが可能である.

第4章 中間子–原子核束縛状態の構造と生成

　この章では，我々が研究を続けてきた，中間子–原子核束縛状態の構造と生成・観測方法に関して説明する．種々の中間子–原子核系や生成反応に共通な部分を本章で説明し，各系に特徴的な内容を次章で説明する．はじめに，通常の原子核の構造に関して基礎的な内容を説明したのちに，中間子–原子核間の相互作用の定式化，中間子–原子核束縛状態の構造，中間子–原子核束縛状態の生成反応に関する一般論を展開する．物理的な興味の内容は各系それぞれの特徴によるので次章で説明をする．

4.1　原子核の構造 —基礎的な量子力学を用いた原子核の描像—

　ここでは，原子核の性質に関してごく基礎的な事柄を説明し，原子核の描像（イメージ）を持ってもらうことを目的としている．「原子核構造が量子力学を使ってどのように理解されるか？」という問いに対する答えの「雰囲気」を量子力学の基礎を学んだ諸君に伝えるために，核子間の相互作用（核力）と多体系のシュレーディンガー方程式から出発して，原子核構造に関する簡単な量子力学的な説明をしてみたい．言うまでもないことであるが，より詳しい内容は専門書を勉強していただきたい．

　原子核は単純に考えれば，図 1.1 に模式的に示したような陽子と中性子の束縛状態であり，陽子数（Z 個）と中性子数（N 個）を合計した質量数 $A(=Z+N)$ に近似的に比例する質量を持つ複合粒子である．核力を媒介するバーチャルな中間子や，バリオン励起状態（Δ 粒子など）などの自由度を考える場合もあるがここでは忘れておく．原子核を構成する核子（陽子と中性子の総称）間の相互作用は，通常，核力と呼ばれ，複雑なチャンネル（相互作用する 2 核子系の量子状態）依存性や斥力芯を持つことが特徴である．ここでは，i 番目と j 番目

の核子間に働く核力を単純に $v_{ij}(\vec{r}_i - \vec{r}_j)$ と書くことにすると，核子 A 体系のシュレーディンガー方程式は，

$$\left[\sum_{i=1}^{A} -\frac{1}{2M_N}\vec{\nabla}_i^2 + \sum_{i=1}^{A}\sum_{j>i}^{A} v_{ij}(\vec{r}_i - \vec{r}_j)\right]\Psi(\vec{r}_1, \vec{r}_2, \cdots, \vec{r}_A) = E\Psi(\vec{r}_1, \vec{r}_2, \cdots, \vec{r}_A) \tag{4.1}$$

となる．ここで，陽子と中性子の質量は等しく M_N とし，また原子核の重心運動の補正に関しては考えていない．さて，原子核の状態を知るためには，このシュレーディンガー方程式を束縛状態に対して解けばよいのであるが，これは極めて難しく多くの場合実行不可能である．そこで様々な近似的手法が考案されている．ここでは，最も簡単な近似法の1つである量子多体系に対するハートリー (Hartree) 近似を使って議論を進めよう．ハートリー近似では多粒子波動関数の反対称性を無視して，A 体系の波動関数 Ψ は，

$$\Psi(\vec{r}_1, \vec{r}_2, \cdots, \vec{r}_A) = \phi_1(\vec{r}_1)\phi_2(\vec{r}_2)\cdots\phi_A(\vec{r}_A) \tag{4.2}$$

と書かれる．ここで，$\phi_i(\vec{r}_i)$ は規格化された1粒子に対する波動関数である [1]．この Ψ を用いて，系のハミルトニアンの期待値を最小化する変分法的な計算を進めることにより，式 (4.1) は次のように書き換えられる（ハートリーの運動方程式）．

$$\left[-\frac{1}{2M_N}\vec{\nabla}_i^2 + \sum_{j\neq i}^{A}\int d\vec{r}_j v_{ij}(\vec{r}_i - \vec{r}_j)|\phi_j(\vec{r}_j)|^2\right]\phi_i(\vec{r}_i) = \epsilon_i \phi_i(\vec{r}_i) \tag{4.3}$$

ここで $i = 1, 2, \cdots, A$ である．つまり A 体系に対するシュレーディンガー方程式 (4.1) が A 個の「連立運動方程式」に書き換えられている．この式は，i 番目の核子の運動が i 番目「以外」の核子からの相互作用の総和の下で決まる，と理解することのできる直感的でわかりやすい式である．式 (4.3) は1体のシュレーディンガー方程式と同じ形であるが，ポテンシャル部分に $\phi_j(\vec{r}_j)$ を含んでいるので，自己無撞着 (self-consistent，自己無矛盾) な解を数値的に求めることが必要になる．この要諦は，解いた結果，得られた波動関数系 $\{\phi_i : i = 1 \sim A\}$ と，ポテンシャル部分の ϕ_i が同一の関数系になればよい，ということである．すべての波動関数 $\phi_i(\vec{r})$ が求められれば，エネルギー E は ϵ_i を用いて表すことができる．原子核の密度分布 $\rho(\vec{r})$ は，演算子

---
[1] スピン，アイソスピンの自由度も省略している．

$$\hat{\rho} = \sum_{i=1}^{A} \delta(\vec{r} - \vec{r}_i) \tag{4.4}$$

の期待値をとることで，

$$\rho(\vec{r}) = \sum_{i=1}^{A} |\phi_i(\vec{r})|^2 \tag{4.5}$$

と計算できる．この密度分布は，電子散乱や μ 粒子原子などの実験から得られた原子核の密度分布と（やや細かいことを言えば，核子自身の大きさを考慮したうえで）比較されるべきものである．

実験的に得られた比較的重い原子核の密度分布は，ウッズ–サクソン (Woods–Saxon) 型と呼ばれる次の関数形でよく近似されることが知られている．

$$\rho(\vec{r}) = \frac{\rho_0}{1 + \exp[(r-R)/a]} \tag{4.6}$$

この $\rho(\vec{r})$ は 2 つのパラメータ R と a を含んでいる．R は原子核の密度が中心の値のおおよそ半分になる半径を表す半径パラメータ，a は原子核表面の厚さを表すパラメータである．R は経験的に原子核の質量数と近似的に $R \propto A^{1/3}$ の関係があり，また a は多くの原子核に対して，$a \sim 0.5$ [fm] でほぼ一定である．ρ_0 は $\rho(\vec{r})$ を規格化条件 $\int \rho(\vec{r})d\vec{r} = A$ で質量数 A に規格化することによって得られる規格化定数である．原子核の中心密度 $\rho(0)$ は多くの核に対してほぼ一定 $\rho(0) \sim 0.17$ [個/fm^{-3}] であり，原子核密度の飽和性を示している．$R \gg a$ が成り立つ重い原子核に対しては，近似的に $\rho(0) \sim \rho_0$，および $\frac{\rho(0)}{2} \sim \rho(R)$ として扱われることが多い．

さて，ハートリーの運動方程式 (4.3) を，もう少し簡単に書き換えて原子核構造の描像に関する議論を進めてみよう．i 番目の核子に対するポテンシャル項は，

$$V_i(\vec{r}_i) = \sum_{j \neq i}^{A} \int d\vec{r}_j v_{ij}(\vec{r}_i - \vec{r}_j)|\phi_j(\vec{r}_j)|^2 \tag{4.7}$$

であるが，ここで，チャンネル依存性を持つ核力 v_{ij} を，核内に存在するすべての核子間の組み合わせで平均化した相互作用 v で近似してみよう．このとき，i 番目の核子に対するポテンシャルを $U_i(\vec{r}_i)$ と書くと，

$$V_i(\vec{r}_i) \to U_i(\vec{r}_i) = \sum_{j \neq i}^{A} \int d\vec{r}_j v(\vec{r}_i - \vec{r}_j)|\phi_j(\vec{r}_j)|^2 \tag{4.8}$$

となる．さらに，和をとっている各項の積分変数名を共通の $\vec{r}$ にして $\vec{r}_j \to \vec{r}$ と置き換えると，式 (4.8) を以下のようにさらに書き換えることができる．

$$U_i(\vec{r}_i) = \int d\vec{r}_1\, v(\vec{r}_i - \vec{r}_1)|\phi_1(\vec{r}_1)|^2 + \int d\vec{r}_2\, v(\vec{r}_i - \vec{r}_2)|\phi_2(\vec{r}_2)|^2 + \cdots$$
$$+ \int d\vec{r}_A\, v(\vec{r}_i - \vec{r}_A)|\phi_A(\vec{r}_A)|^2$$
$$= \int d\vec{r}\, v(\vec{r}_i - \vec{r})|\phi_1(\vec{r})|^2 + \int d\vec{r}\, v(\vec{r}_i - \vec{r})|\phi_2(\vec{r})|^2 + \cdots$$
$$+ \int d\vec{r}\, v(\vec{r}_i - \vec{r})|\phi_A(\vec{r})|^2$$
$$= \int d\vec{r}\, v(\vec{r}_i - \vec{r}) \sum_{j \neq i}^{A} |\phi_j(\vec{r})|^2 \tag{4.9}$$

ここで，右辺の 1 行目と 2 行目の和は i 番目を除いてとっている．さらに重い原子核を考えて，核全体に対する核子 1 個の役割が相対的に小さいと近似して，$\sum_{j \neq i}^{A}$ を $\sum_{j}^{A}$ と置き換えると，

$$U_i(\vec{r}_i) \sim \int d\vec{r}\, v(\vec{r}_i - \vec{r}) \sum_{j}^{A} |\phi_j(\vec{r})|^2$$
$$= \int d\vec{r}\, v(\vec{r}_i - \vec{r}) \rho(\vec{r}) \tag{4.10}$$

となる．この最後の書き換えで注目するべきことは，ポテンシャルの形 U_i が核子の番号 i に依存しないことである．すなわち，ここまでの計算は，原子核に対して「すべての核子が同じポテンシャル $U(\vec{r})$ の中を運動している核子系」という描像（イメージ）が近似的に成り立つ量子力学的な根拠を与えている．この描像は，同じ重さの多数の粒子が互いに相互作用しながらバラバラに運動しているはじめの運動方程式 (4.1) の描像とは大きく異なっており，まるで中心に重い核を持つ原子における電子の運動のようである．また式 (4.10) は，核子間の平均的な相互作用 v を原子核の密度分布 ρ を用いて足し上げた形式になっている．これは，有限領域に広がった電荷分布による静電ポテンシャルを計算する場合の表式と同一であり，直感的に理解できる古典的な形である．このように古典的な形に変形できるのは，式 (4.2) において核子波動関数の反対称性を無視したからである．

以上の考察を基にして，原子核中の核子が共通のポテンシャル $U(\vec{r})$ の下に運動し，式 (4.3) が単純化された 1 粒子に対するシュレーディンガー方程式

$$\left[-\frac{1}{2M_N}\vec{\nabla}^2 + U(\vec{r})\right]\phi(\vec{r}) = \epsilon\phi(\vec{r}) \tag{4.11}$$

の各固有状態（1粒子状態）として各核子の状態が記述できれば，理論的な取り扱いは式 (4.1) に比べてはるかに容易である．さらに，核子間に働く平均的な相互作用 $v(\vec{r}_i - \vec{r}_j)$ が短距離力であれば，式 (4.10) によって得られるポテンシャル $U(\vec{r})$ の形状は，式 (4.10) 右辺の $\rho(\vec{r})$ の形に近くなると期待できる．例えば，極端な場合として $v(\vec{r}_i - \vec{r}_j)$ が δ 関数に比例する場合を考えると，ポテンシャル $U(\vec{r})$ と密度分布 $\rho(\vec{r})$ は完全に比例することがわかる．このような考察を背景に，実際の計算においては，現象論的に決定された密度分布式 (4.6) と同様な関数型を用いてすべての核子に対して共通なポテンシャル $U(\vec{r})$ を導入し，1 体のシュレーディンガー方程式 (4.11) の解を求めることにより原子核の構造を近似的に議論する場合がある[2]．

さて，ハートリー近似においては，核子系の反対称性は考慮されていない．したがって，式 (4.11) の解を用いて原子核の基底状態の構造を議論する場合には，1 粒子準位のエネルギーの低い量子状態から順番に核子を詰めて行き，陽子や中性子が占有している状態のエネルギーや波動関数を用いることになる．この際，すべての 1 粒子準位の核子による占有確率は，0 か 1 のどちらかである．しかし，より正確に核構造を考える際には，ハートリー近似を採用したことや式 (4.8) の置き換えをしたことによる理論の「誤差」を考えなければならない．平均的なポテンシャル $U(\vec{r})$ で表現されない「誤差」を補正するために導入される相互作用のことを，残留相互作用と呼ぶ．残留相互作用を考慮する場合には，核子の状態は，ポテンシャル $U(\vec{r})$ に対する固有波動関数の線形結合で表され，$U(\vec{r})$ に対する各固有状態の核子の占有確率も，0 か 1 だけではなくて半端な値もとるようになることに注意しよう．

最後に，ここまでの考察の結果得られた原子核の描像を踏まえて，原子核のよく知られた性質や特徴がどのように理解できるか初等的にまとめておこう．まず，全核子に共通なポテンシャル $U(\vec{r})$ を用意する．$U(\vec{r})$ の空間分布は，おおよそ原子核密度分布に近いものであり，一般的にはスピン軌道結合相互作用（いわゆる ℓs 力）なども含んでいる．この 1 体ポテンシャルを含むシュレーディンガー方程式の解はもちろん完全系をなしている．また，シュレーディンガー方程式の解の固有エネルギーの分布は等間隔ではなく，隣り合う準位のエネルギーの間隔が大きい場合と小さい場合がある．この大きい場合のエネルギー間

---

[2] このような場合は，自己無撞着な取り扱いを省略する．

隔のことをシェルギャップ (shell gap) と呼ぶ．このシェルギャップの存在が，特に安定な原子核の陽子や中性子の数（魔法数： 2, 8, 20, 28, 50, 82, 126) の存在を自然に説明する．すなわち，原子核が，あるシェルギャップの下の準位まで核子が完全に詰まった状態（閉殻）にあれば，すぐ上の量子力学的準位との間の大きなエネルギー間隔のために，この原子核は励起するにも破壊するにも，他の核よりも大きなエネルギーが必要となる．すなわち安定である．つまり魔法数は閉殻を形成するために必要な核子の数というわけだ．

次に，$U(\vec{r})$ で記述仕切れていない残留相互作用の効果を考える．残留相互作用は，例えば，ポテンシャル $U(\vec{r})$ によって束縛された2核子間に働く対相互作用として導入される．この効果は，$U(\vec{r})$ 自身や魔法数を説明するようなシェルギャップに比べれば小さいと期待されるので，残留相互作用により主に影響を受けるのは，魔法数として完全に詰まってしまった閉殻の上，シェルギャップよりすぐ上の高いエネルギー状態に存在する半端な個数の核子であると考えられる．閉殻を形成した核子は安定で，残留相互作用ごときでは影響は受けないというわけだ．例えば，^{19}F は，陽子9個と中性子10個からなる原子核であるが，この19個の核子の間すべてに残留相互作用を考えるのではなく，陽子8個と中性子8個（魔法数）からなる ^{16}O を頑丈な芯として扱い，残りの3個の核子の間に残留相互作用を考える．このとき，魔法数8と20の間に存在する量子状態 $1d_{5/2}$, $1d_{3/2}$, $2s_{1/2}$[3] のみが有効な基底関数であると考えて，この部分空間内で残留相互作用の行列要素を対角化する．この対角化の結果，^{19}F の基底状態における閉殻に属さない3核子の状態は，部分空間内の3つの基底関数の線形結合として表され，各基底関数の状態の核子の占有確率も0や1以外の値をとることになる．この占有確率は実験結果の解析からも分光学的因子 (Spectroscopic factor) として得られており，中間子束縛系の生成断面積を計算する場合にも考慮されている [1]．また，閉殻の状態は，真空と同じ量子数 $J^P = 0^+$ を持つため，一般に原子核の基底状態の量子数は，閉殻に属さない核子（バレンス核子）の状態によって決まる．

---

[3] 量子力学で学ぶように回転対称性を持つポテンシャルの束縛状態は主量子数 n, 軌道角運動量 ℓ, スピンと軌道角運動量が結合した全スピン j により指定され，$n\ell_j$ の形で記述される．ここで ℓ の値は慣習的にアルファベットで表記され，$\ell = 0, 1, 2, 3, 4, 5, 6 \cdots$ に対して，$s, p, d, f, g, h, i \cdots$ が対応している．

4.2 中間子–原子核束縛状態の構造 —普通の原子と何が違うか—

本節では，中間子と原子核の束縛状態の構造について述べる．中間子–原子核間の相互作用に関して概略を説明した後に，運動方程式の形，および，その解法について考察する．その後，中間子–原子核束縛系の一般的な性質や特徴について説明する．

4.2.1 強い相互作用の効果 —中間子–原子核間ポテンシャル—

中間子と原子核の束縛系を考える際に，電子が束縛している通常の原子との最も大きな相違は，強い相互作用の存在である．QCD の対称性の効果も当然のことながらこの部分に現れるはずである．まずはじめに有限密度（ここでは有限な核子密度）中の中間子の振る舞いに関する理論的な取り扱いを簡単に説明する．本節の記述は文献 [11,33,34] を参考にしている．

まず，中間子が存在する環境として，無限に広がる均一な原子核のような仮想的な「核物質」を仮定する．この環境では，並進対称性が存在して核子の状態は運動量で指定することができる．核子はフェルミオンであるので，基底状態ではエネルギーが低い量子状態から順に占有している．ある体積 V 中に核子 N 個がある場合は，位相空間の積分を考えて，

$$N = 4 \int_V \int_{k_F} \frac{d^3r d^3k}{h^3} = 4V \int_{k_F} \frac{d^3k}{(2\pi)^3}$$
$$= \frac{4V}{(2\pi)^3} \frac{4\pi}{3} k_F^3 \tag{4.12}$$

となる．ここで，係数 4 は核子のスピン–アイソスピンの自由度から生じるものであり，自然単位系では $h = 2\pi$ に注意する．k_F は核子が詰まった状態の最大の運動量の大きさ（フェルミ運動量）を表す．これより，核子の個数密度 ρ は，

$$\rho = \frac{N}{V} = \frac{2}{3\pi^2} k_F^3 \tag{4.13}$$

と書くことができる．この ρ が核物質を特徴づける重要なパラメータである．4.1 節で述べたように，原子核の中心密度は実験的にほぼ一定であることがわかっており，原子核密度の飽和性として知られている．この密度の値は標準核密度 ρ_N と言われ，$\rho_N = 0.17\,[\text{fm}^{-3}]$ である[4]．式 (4.13) を用いれば，標準核

---
[4] しばしば文献によって値が異なり $0.16\,[\text{fm}^{-3}]$ などのこともある．

密度に対応するフェルミ運動量は，$k_F \sim 270$ [MeV/c]，フェルミエネルギー ε_F は $\varepsilon_F = \dfrac{k_F^2}{2M_N} \sim 40$ [MeV] である．ここで，M_N は核子の質量である．

さて，この核子密度が有限な環境中で，中間子の運動がどのように記述されるかというのが，ここでのテーマである．まず，基本的な認識として，この環境における中間子の伝播関数は核子との相互作用がなければ真空中の伝播関数と同じである．核子との相互作用が，中間子の伝播関数に変化をもたらし，伝播関数の極を求める式としての中間子の運動方程式（クライン–ゴルドン方程式）にポテンシャル項を生じるのである．一方，この環境中での核子の伝播関数は粒子間の相互作用が存在しなくても変更を受ける．これはフェルミオンに対するパウリ効果のためであり，相互作用の強さに関係なく考慮する必要がある．つまり，有限核子密度中での中間子の伝播に関する標準的な議論では，

(i) 有限密度における核子の伝播関数，
(ii) 中間子–核子相互作用と摂動的取り扱い，
(iii) 無限個のダイアグラムを足し上げる非摂動的な取り扱い，

の内容を基本的な項目として含むのが普通である．ここでは，真空中における議論からの相違点を中心に，各ステップの計算に関して簡単に紹介しておこう．詳細な解説に関しては専門書を参照していただきたい．

まず，有限核子密度中における核子の伝播関数であるが，すでに述べたように，相互作用が存在しなくてもパウリ効果のために真空中の形から変化する．簡単のために核子系を相互作用の無いフェルミガス (Fermi Gas) であると考え，非相対論的な場の理論を用いて理論的な取り扱いの概略を説明しよう．核子に対する場の演算子 $\hat{\Psi}(\vec{x})$ から始める．

$$\hat{\Psi}(\vec{x}) = \sum_{\vec{k}} \psi_{\vec{k}}(\vec{x}) a_{\vec{k}}$$
$$\hat{\Psi}^\dagger(\vec{x}) = \sum_{\vec{k}} \psi_{\vec{k}}^*(\vec{x}) a_{\vec{k}}^\dagger \qquad (4.14)$$

ここで，$a_{\vec{k}}^\dagger$，$a_{\vec{k}}$ は，運動量 $\vec{k}$ で指定される状態 $\psi_{\vec{k}}(\vec{x})$ の核子に対する生成消滅演算子であり，$\hat{\Psi}(\vec{x})$ および $a_{\vec{k}}$ の満足する反交換関係はそれぞれ

$$\{\hat{\Psi}(\vec{x}), \hat{\Psi}^\dagger(\vec{x}')\} = \delta^3(\vec{x} - \vec{x}')$$
$$\{a_{\vec{k}}, a_{\vec{k}'}^\dagger\} = \delta_{\vec{k},\vec{k}'} \qquad (4.15)$$

である．これは真空中の場合と同じである．有限核子密度の場合には，フェル

ミ運動量 k_F より小さい運動量に対応する状態に対して生成消滅演算子の再定義を行い，次の演算子 $b_{\vec{k}}$, $b_{\vec{k}}^\dagger$ を定義する．

$$b_{\vec{k}} = a_{\vec{k}}^\dagger \quad (|\vec{k}| \leq k_F)$$
$$b_{\vec{k}}^\dagger = a_{\vec{k}} \quad (|\vec{k}| \leq k_F) \tag{4.16}$$

$b_{\vec{k}}^\dagger$, $b_{\vec{k}}$ は，核子空孔に対する生成消滅演算子であり，空孔の生成と消滅がフェルミ運動量以下での核子の消滅と生成にそれぞれ対応していることを意味する．フェルミ運動量 k_F より大きい運動量の状態に対しては，演算子を変更しないで $a_{\vec{k}}$, $a_{\vec{k}}^\dagger$ をそのまま使用する．このように演算子 $a_{\vec{k}}$, $b_{\vec{k}}$ などを定義すると，現在考えている核子のフェルミガス模型における密度 ρ の基底状態 $|0_\rho^{\mathrm{FG}}\rangle$ に対して，

$$a_{\vec{k}}|0_\rho^{\mathrm{FG}}\rangle = 0$$
$$b_{\vec{k}}|0_\rho^{\mathrm{FG}}\rangle = 0 \tag{4.17}$$

と書くことができる．また，このとき式 (4.14) の $\hat{\Psi}(\vec{x})$ は，$\vec{k}$ に関する和の領域を2つに分けて，

$$\hat{\Psi}(\vec{x}) = \sum_{|\vec{k}|>k_F} \psi_{\vec{k}}(\vec{x})a_{\vec{k}} + \sum_{|\vec{k}|\leq k_F} \psi_{\vec{k}}(\vec{x})b_{\vec{k}}^\dagger \tag{4.18}$$

となる．

核子の伝播関数は，

$$iG(\vec{x},t;\vec{x'},t') = \frac{\langle 0_\rho|\mathrm{T}\left[\hat{\Psi}_\mathrm{H}(\vec{x},t)\hat{\Psi}_\mathrm{H}^\dagger(\vec{x'},t')\right]|0_\rho\rangle}{\langle 0_\rho|0_\rho\rangle} \tag{4.19}$$

で定義される．ここで，$|0_\rho\rangle$ は相互作用する核子系の基底状態であり，$\hat{\Psi}_\mathrm{H}(\vec{x},t)$ は，系のハミルトニアン $\hat{H}$ を使って定義されるハイゼンベルグ表示での場の演算子 $\hat{\Psi}_\mathrm{H}(\vec{x},t) = e^{i\hat{H}t}\hat{\Psi}(\vec{x})e^{-i\hat{H}t}$ である．時間順序積 T はフェルミオン場に対しては，

$$\mathrm{T}\left[\hat{\Psi}_\mathrm{H}(\vec{x},t)\hat{\Psi}_\mathrm{H}^\dagger(\vec{x'},t')\right] = \begin{cases} \hat{\Psi}_\mathrm{H}(\vec{x},t)\hat{\Psi}_\mathrm{H}^\dagger(\vec{x'},t') & (t>t') \\ -\hat{\Psi}_\mathrm{H}^\dagger(\vec{x'},t')\hat{\Psi}_\mathrm{H}(\vec{x},t) & (t<t') \end{cases} \tag{4.20}$$

と定義される.

さて,摂動計算をする場合の基礎となる,相互作用の無いフェルミガス中での核子の伝播関数を計算するためには,まず式 (4.19) において,ハミルトニアン $\hat{H}$ を相互作用を含まない $\hat{H}_0$ に置き換え,さらに基底状態を $|0_\rho\rangle \to |0_\rho^{\rm FG}\rangle$ に置き換える.次に,場の演算子,式 (4.18) のハイゼンベルグ表示を用いて,式 (4.17) の性質に注意しつつ,式 (4.19) の期待値を計算すればよい.すると,フェルミガスの場合の核子の伝播関数 $G^0(\vec{x},t;\vec{x'},t')$ は,

$$iG^0(\vec{x},t;\vec{x'},t') = \begin{cases} \displaystyle\sum_{|\vec{k}|>k_F} \psi_{\vec{k}}(\vec{x})\psi_{\vec{k}}^*(\vec{x'})e^{-i\omega_{\vec{k}}(t-t')} & (t>t') \\ -\displaystyle\sum_{|\vec{k}|\leq k_F} \psi_{\vec{k}}(\vec{x})\psi_{\vec{k}}^*(\vec{x'})e^{-i\omega_{\vec{k}}(t-t')} & (t<t') \end{cases} \quad (4.21)$$

となる.ここで,$\omega_{\vec{k}}$ は,$\hat{H}_0$ に対する運動量 $\vec{k}$ の状態のエネルギー固有値を表している.

式 (4.21) は座標と時間を変数として書かれた伝播関数の表式であるが,エネルギーや運動量を変数とした形も求めておこう.まず時間 t に関してフーリエ変換したグリーン関数 $G^0(\vec{x},\vec{x'},\omega)$ を,

$$iG^0(\vec{x},t;\vec{x'},t') = \frac{1}{2\pi}\int_{-\infty}^{\infty} d\omega\, e^{-i\omega(t-t')}iG^0(\vec{x},\vec{x'},\omega) \quad (4.22)$$

で定義すると,

$$iG^0(\vec{x},\vec{x'},\omega) = \sum_{|\vec{k}|>k_F} \frac{i\psi_{\vec{k}}(\vec{x})\psi_{\vec{k}}^*(\vec{x'})}{\omega-\omega_{\vec{k}}+i\epsilon} + \sum_{|\vec{k}|\leq k_F} \frac{i\psi_{\vec{k}}(\vec{x})\psi_{\vec{k}}^*(\vec{x'})}{\omega-\omega_{\vec{k}}-i\epsilon} \quad (4.23)$$

と書ける.複素 ω 平面で式 (4.22) の積分をする際に,上下どちらの半平面で積分するかを指定するために $\pm i\epsilon$ を導入してある.これにより,$t-t'$ の符号にからどちらの半平面を選ぶか明確になる.また式 (4.23) の形は,原子核のような有限領域に束縛された核子系を考えた場合でも適用可能である.例えば,一粒子状態の波動関数 $\psi_{\vec{k}}(\vec{x})$ と離散的なエネルギー $\omega_{\vec{k}}$ を用いて,核子が詰まっているエネルギー準位までの和をとることによって $\displaystyle\sum_{|\vec{k}|\leq k_F}$ の項を計算することができる.

無限に大きい空間領域 V を考えた場合は,通常のように $\vec{k}$ を連続変数として取り扱い,可能な量子状態に関する和 $\displaystyle\sum_{\vec{k}}$ を位相空間の積分に置き換えて,さ

らに $\psi_{\vec{k}}(\vec{x})$ を平面波とする.

$$\sum_{\vec{k}} \to \int \frac{V d^3 k}{h^3} = V \int \frac{d^3 k}{(2\pi)^3}$$

$$\psi_{\vec{k}}(\vec{x}) \to \frac{1}{\sqrt{V}} e^{i\vec{k}\cdot\vec{x}} \tag{4.24}$$

この場合,系が並進対称性を持つので,伝播関数はエネルギー ω と運動量 $\vec{k}$ を変数として表すのが便利である. $G^0(\vec{k}, \omega)$ を,

$$iG^0(\vec{x}, \vec{x}', \omega) = \frac{1}{(2\pi)^3} \int_{-\infty}^{\infty} d^3 k \, e^{i\vec{k}\cdot(\vec{x}-\vec{x}')} iG^0(\vec{k}, \omega) \tag{4.25}$$

で定義すれば,式 (4.23) に式 (4.24) の置き換えを施した式と,式 (4.25) を比較すればただちに,

$$G^0(\vec{k}, \omega) = \frac{\theta(|\vec{k}| - k_F)}{\omega - \omega_{\vec{k}} + i\epsilon} + \frac{\theta(k_F - |\vec{k}|)}{\omega - \omega_{\vec{k}} - i\epsilon} \tag{4.26}$$

が了解されるだろう.普通は k_F より下の状態を核子が占有してることを表現する占有数 $n(\vec{k})$ を, $n(\vec{k}) = \theta(k_F - |\vec{k}|)$ と定義して,

$$\begin{aligned} G^0(\vec{k}, \omega) &= \frac{1 - n(\vec{k})}{\omega - \omega_{\vec{k}} + i\epsilon} + \frac{n(\vec{k})}{\omega - \omega_{\vec{k}} - i\epsilon} \\ &= \frac{1}{\omega - \omega_{\vec{k}} + i\epsilon} + 2\pi i \, n(\vec{k}) \delta(\omega - \omega_{\vec{k}}) \end{aligned} \tag{4.27}$$

と表す.

　改めて注意すると,ここまで核子に対していかなる相互作用も導入しておらず,自由なフェルミガスの状態を考えている.しかし式 (4.27) の伝播関数は真空中でのものとは異なってる.この式で, $k_F \to 0$ すなわち $n(\vec{k}) \to 0$ の極限をとったものが $\rho = 0$ での伝播関数である.式 (4.27) の 1 行目の右辺では,有限密度中での核子の伝播関数はフェルミ運動量以上の状態にある核子の伝播 (右辺第 1 項) とフェルミ運動量以下の状態にある空孔の伝播 (右辺第 2 項) の和として表現されており,式 (4.27) の 2 行目の右辺では,真空中での核子の伝播 (右辺第 1 項) と有限密度の効果 (右辺第 2 項) の和として表現されている.

　さて,次のステップ「中間子–核子相互作用と摂動的取り扱い」に話題を移そう.摂動論を展開する場合に基礎になるのは,無摂動,すなわち問題となる相互作用が働かない場合の厳密解である.核子の有限密度中では,パウリ原理の

ために核子の伝播関数は相互作用が無くても影響を受けるが，他の粒子にとっては相互作用がなければ自由空間と一緒である．したがって，中間子の場 $\hat{\phi}$ の伝播関数は自由空間と同じで，

$$D^0(q^\mu) = \frac{1}{q^{02} - \vec{q}^2 - m_\pi^2 + i\epsilon} \tag{4.28}$$

と表される．これを基に，中間子と核子の相互作用を導入した場合の中間子の伝播関数の変化を議論するのである．ここでは例として，π 中間子と核子の歴史的な相互作用である湯川結合，を考えよう．

$$\hat{H}_I = \frac{f}{m_\pi} \int d^3 x \hat{\Psi}^\dagger \vec{\sigma} \cdot \vec{\nabla} \hat{\phi}^\lambda \tau^\lambda \hat{\Psi} \tag{4.29}$$

ここで，λ はアイソスピンの指標，$\vec{\sigma}$ は核子のスピン波動関数にかかるスピン行列（パウリ行列）である．この相互作用は，場の理論の摂動論におけるファインマン (Feynman) 図においては，πNN の頂点（図 4.1）に対応し，対応する演算子は

$$\hat{O} = \frac{f}{m_\pi} \vec{\sigma} \cdot \vec{q} \tau^\lambda \tag{4.30}$$

で与えられる．π 中間子の運動量 $\vec{q}$ の向きは図で与えられているとおりである．

ここまでで準備されたパーツ，相互作用が無い有限核子密度中における核子の伝播関数式 (4.27) と π 中間子の伝播関数式 (4.28)，および，これから導入する π 中間子と核子の相互作用式 (4.29) を用いて議論を進める．摂動展開は通常の真空中の場の理論の計算と同様に実行することができるので，ここでの説明は割愛しよう．まずは最低次の摂動論を用いて，π 中間子の伝播関数式 (4.28) に対する有限密度による補正を考える．最低次の補正を含んだ π 中間子の伝播関数 $D^1(q^\mu)$ は，ファインマン図を用いて図 4.2 で与えられ，

図 4.1 πNN 相互作用（式 (4.29)）を表すファインマン図．実線は核子を表し破線は π 中間子を表す．破線の矢印は中間子の持つ運動量の向きを表す．

4.2 中間子–原子核束縛状態の構造 —普通の原子と何が違うか—

図 4.2 最低次の補正を加えた π 中間子の伝播関数 $D^1(q^\mu)$（式 (4.31)）のファインマン図.

$$iD^1(q^\mu) = iD^0(q^\mu) + iD^0(q^\mu)(-i)\Pi^0(q^\mu)iD^0(q^\mu) \tag{4.31}$$

と書くことができる．ここで，核子のループの部分は $\Pi^0(q^\mu)$ で表され π 中間子の自己エネルギーと呼ばれる．添え字「0」が付してあるのは，最低次の自己エネルギーであることを示す．また，ループは核子とフェルミ運動量以下の状態に生じた空孔の伝播を表しており，反核子の寄与でないことに注意する．

式 (4.31) から出発して有限核子密度中での π 中間子の性質をどのように記述できるか考えてみよう．自己エネルギー $\Pi^0(q^\mu)$ の具体的な形の導出は後で議論する．まず「無限個のダイアグラムを足し上げる非摂動的な取り扱い」の説明をする．摂動展開の最低次としての式 (4.31) は，同じ自己エネルギーの寄与を繰り返すタイプの高次項を含めた場合に次のように書き直すことができる．

$$\begin{aligned}iD(q^\mu) &= iD^0(q^\mu) + iD^0(q^\mu)(-i)\Pi^0(q^\mu)iD^0(q^\mu) \\ &\quad + iD^0(q^\mu)(-i)\Pi^0(q^\mu)iD^0(q^\mu)(-i)\Pi^0(q^\mu)iD^0(q^\mu) + \cdots \\ &= iD^0(q^\mu) + iD^0(q^\mu)(-i)\Pi^0(q^\mu)iD(q^\mu)\end{aligned} \tag{4.32}$$

ここで，最終行への式変形は，同じ自己エネルギーの寄与を繰り返す高次項の和であることを利用しており，右辺に $D^0(q^\mu)$ のみではなくて $D(q^\mu)$ も含まれていることに注意する．このように無限のダイアグラムを足し上げて得られる式は一般にダイソン (Dyson) 方程式と呼ばれ，

$$D(q^\mu) = D^0(q^\mu) + D^0(q^\mu)\Pi(q^\mu)D(q^\mu) \tag{4.33}$$

のように書かれる．この式を図示すると，図 4.3 のようになる．ここで $\Pi(q^\mu)$ は，核子の 1 ループの寄与 $\Pi^0(q^\mu)$ に加えて，より複雑な自己エネルギーの寄与も含んでおり図中では黒丸で表されている．この「より複雑な自己エネルギー」という表現には説明が必要である．平易な表現を用いれば「より単純な自己エネルギーの繰り返しで表せない」ものであり，場の理論の教科書では「ファインマン図において π 中間子の内線を 1 本切っても 2 つの π 中間子の伝播関数（自

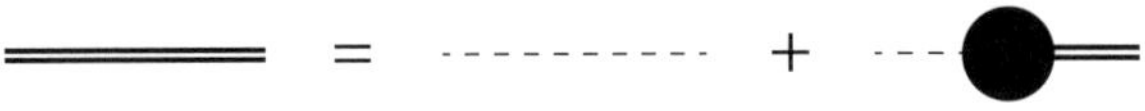

図 4.3 ダイソン方程式 (4.33) のファインマン図による表現．ここで二重線は高次補正をすべて取り込んだ π 中間子の伝播関数を表し，黒丸はすべての既約な自己エネルギーの和を表す．

己エネルギーを含んでいてもよい）に分けることのできない寄与」と説明さる．このような図は既約 (irreducible) ダイアグラムと呼ばれ，より単純なダイアグラムの繰り返しで描かれるダイアグラムは可約 (reducible) ダイアグラムと呼ばる．可約ダイアグラムに対応する補正は，ダイソン方程式を解く際に無限の次数まで足し上げられるのであるから，自己エネルギーの部分（図中黒丸）に含めないのは直感的には自明であろう．湯川相互作用（πNN 頂点）を考えた場合の既約な自己エネルギーのファインマン図の例を図 4.4 に示しておこう．

さて，式 (4.33) を有限核子密度中での π 中間子の伝播関数 $D(q^\mu)$ について解けば，

$$\begin{aligned} D(q^\mu) &= \frac{D^0(q^\mu)}{1 - D^0(q^\mu)\Pi(q^\mu)} \\ &= \frac{1}{(D^0(q^\mu))^{-1} - \Pi(q^\mu)} \\ &= \frac{1}{q^{0 2} - \vec{q}^{\,2} - m_\pi^2 - \Pi(q^\mu)} \end{aligned} \quad (4.34)$$

となる．これが，$\Pi(q^\mu)$ に含まれている既約ダイアグラムを，1 回，2 回，$\cdots$ 無限回繰り返すダイアグラムまで，すべてを足し上げた結果得られる π 中間子の伝播関数である．つまり「同じダイアグラムの繰り返し」は怖くない．無限個まで足し上げた結果を，式 (4.34) の形で求めることができるのである．

さて，それでは次に問題になるのは何であろうか？賢明な読者も懸命な読者もお気づきなように，必要なのは，同じダイアグラムの繰り返しで表すことの

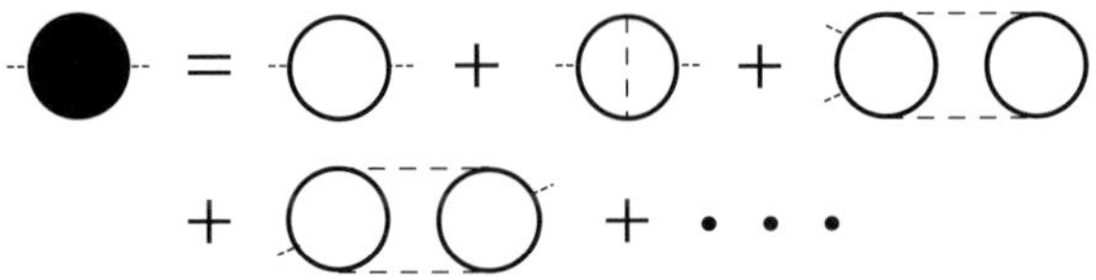

図 4.4 湯川相互作用（πNN 頂点）を考えた場合の既約な自己エネルギーのファインマン図の例．見やすいように外線の π 中間子の伝播関数を短く表示してある．

できない既約ダイアグラム（で重要なもの）を取り上げ，その寄与に対応する $\Pi(q^\mu)$ を具体的に計算することである．ここでは，式 (4.31) と図 4.2 で導入された $\Pi^0(q^\mu)$ を具体的に計算してみよう．

湯川相互作用を考えた場合の，最低次の自己エネルギー $\Pi^0(q^\mu)$ は，次のように計算される．

$$-i\Pi^0(q^\mu) = (-1)\sum_{m_s, m_s', m_t, m_t'} \int \frac{d^4k}{(2\pi)^4} iG^0(k^\mu) iG^0(k^\mu + q^\mu)$$
$$\times \frac{f}{m_\pi} \langle m_s'|\vec{\sigma}\cdot(-\vec{q})|m_s\rangle \langle m_t'|\tau^{\lambda'}|m_t\rangle$$
$$\times \frac{f}{m_\pi} \langle m_s|\vec{\sigma}\cdot\vec{q}|m_s'\rangle \langle m_t|\tau^\lambda|m_t'\rangle \quad (4.35)$$

ここで，ファインマン則に従って，式 (4.30) で表される πNN 頂点の演算子と，式 (4.27) で表される有限核子密度中での核子の伝播関数 G^0 を用いている．ここではエネルギーと運動量をまとめて k^μ などと略記している．また，各 πNN 頂点における核子のスピンとアイソスピン量子数を m_s, m_s' および m_t, m_t' で表している．スピンおよびアイソスピンに関する期待値の和は，

$$\sum_{m_s, m_s'} \langle m_s'|\vec{\sigma}\cdot(-\vec{q})|m_s\rangle \langle m_s|\vec{\sigma}\cdot\vec{q}|m_s'\rangle = -2\vec{q}^{\,2} \quad (4.36)$$

$$\sum_{m_t, m_t'} \langle m_t'|\tau^{\lambda'}|m_t\rangle \langle m_t|\tau^\lambda|m_t'\rangle = 2\delta_{\lambda',\lambda} \quad (4.37)$$

のように計算することができる．これらを式 (4.35) に代入して書き直すと，$\Pi^0(q^\mu)$ は，

$$\Pi^0(q^\mu) = -i4\delta_{\lambda',\lambda}\left(\frac{f}{m_\pi}\right)^2 \vec{q}^{\,2} \int \frac{d^4k}{(2\pi)^4}$$
$$\times \left\{\frac{1-n(\vec{k})}{k^0 - \omega_{\vec{k}} + i\epsilon} + \frac{n(\vec{k})}{k^0 - \omega_{\vec{k}} - i\epsilon}\right\}$$
$$\times \left\{\frac{1-n(\vec{k}+\vec{q})}{k^0+q^0 - \omega_{\vec{k}+\vec{q}} + i\epsilon} + \frac{n(\vec{k}+\vec{q})}{k^0+q^0 - \omega_{\vec{k}+\vec{q}} - i\epsilon}\right\} \quad (4.38)$$

となる．ここで，$\omega_{\vec{k}}$ と $\omega_{\vec{k}+\vec{q}}$ は，運動量 $\vec{k}$ と $\vec{k}+\vec{q}$ の核子の持つエネルギー表している．k^0 の積分を実行すると，この $\Pi^0(q^\mu)$ は，

$$\Pi^0(q^\mu) = \delta_{\lambda',\lambda}\left(\frac{f}{m_\pi}\right)^2 \vec{q}^{\,2} U_N(q^\mu) \quad (4.39)$$

$$U_N(q^\mu) = 4 \int \frac{d^3k}{(2\pi)^3} \left\{ \frac{n(\vec{k})(1-n(\vec{k}+\vec{q}))}{q^0 - \omega_{\vec{k}+\vec{q}} + \omega_{\vec{k}} + i\epsilon} + \frac{n(\vec{k}+\vec{q})(1-n(\vec{k}))}{-q^0 - \omega_{\vec{k}} + \omega_{\vec{k}+\vec{q}} + i\epsilon} \right\} \quad (4.40)$$

と書き表すことができる．ここで定義された関数 $U_N(q^\mu)$ は，リントハルト関数 (Lindhard function) と呼ばれ，解析的な形が得られている．非相対論的な核子の伝播関数においては，$\omega_{\vec{k}} = \dfrac{\vec{k}^2}{2M_N}$ であることに注意して積分を実行すると，

$$\begin{aligned}U_N(q^\mu) =& \frac{M_N k_F^2}{\pi^2 q} \\ & \times \left(z + z' + \frac{1-z^2}{2}\log\frac{z+1}{z-1} + \frac{1-z'^2}{2}\log\frac{z'+1}{z'-1} \right)\end{aligned} \quad (4.41)$$

である．ここで，q は $q = |\vec{q}|$ を表し，z, z' は，

$$z = \frac{M_N}{qk_F}\left(q^0 - \frac{q^2}{2M_N}\right), \quad z' = \frac{M_N}{qk_F}\left(-q^0 - \frac{q^2}{2M_N}\right) \quad (4.42)$$

で定義されている．この関数の形は複雑であるが，種々の解析的な性質は文献で調べることができる．例えば文献 [11, 33, 34] などに詳細な記述がある．

$\Pi^0(q^\mu)$ を超えてより現実的な自己エネルギーを得るためには，図 4.4 に示したような寄与を含め，様々な寄与を加える必要がある．これらは，大きく分類すると，(1) 湯川結合以外の中間子と核子の相互作用によるもの，(2) 核物質中の 2 つ以上の核子が関与する多核子の寄与する過程によるもの，(3) 中間状態にバリオン励起など核子と異なる自由度が生じる過程によるもの，(4) 中間状態に異なる中間子の伝播を含む過程よるもの，などが考えられる．これら，特に (1) と (3) に関する手がかりを得るために真空中での中間子–核子散乱振幅のデータが参考になる．例えば，古くから研究されている πN 散乱振幅は，比較的低いエネルギーで S 波と P 波の相互作用を考えると次のように書くことができる．

$$F(\vec{q}', \vec{q}) = b_0 + b_1(\vec{t}\cdot\vec{\tau}) + [c_0 + c_1(\vec{t}\cdot\vec{\tau})]\vec{q}'\cdot\vec{q} + i[d_0 + d_1(\vec{t}\cdot\vec{\tau})]\vec{\sigma}\cdot(\vec{q}'\times\vec{q}) \quad (4.43)$$

ここで，$\vec{q}$ と $\vec{q}'$ は，πN 重心系 (CM 系：center of mass system) での入射 π 中間子と射出 π 中間子の運動量であり，$\vec{t}$ と $\vec{\tau}$ はそれぞれ，π 中間子と核子のアイソスピンの演算子である．$b_{0,1}$, $c_{0,1}$, $d_{0,1}$ は，パラメータであり，実験から決めることができる．式 (4.29), (4.30) で導入された湯川相互作用による

4.2 中間子–原子核束縛状態の構造 —普通の原子と何が違うか—

πN の散乱は，式 (4.43) 中のパラメータ c や d で表される項の一部に対応している．運動量依存性を持たない b を含む 2 項は湯川相互作用では記述できず，また，c や d で表される項には，いわゆる Δ 共鳴粒子の寄与も含まれているのである [11, 33, 34]．

中間子–原子核束縛系の議論において，役立つ極限値を 1 つ見ておこう．式 (4.41)，(4.42) の変数を考えたときに，束縛エネルギーが中間子の質量に比べて十分小さい場合は，束縛状態の中間子の持つ運動量の大きさは $|\vec{q}| \ll q^0 \sim m_\pi$ である．また，標準核密度程度の核物質を考えると $k_F \sim 270$ [MeV/c] であるので，

$$\left(q^0 \pm \frac{q^2}{2M_N} \right) \gg \frac{qk_F}{M_N} \tag{4.44}$$

が期待できる．この条件は，中間子–原子核束縛系において良い近似で満たされている．このときに，

$$\Pi^0 = -4\pi \bar{F}_{\text{Born}} \rho \tag{4.45}$$

が成り立つ [11]．ここで $\bar{F}_{\text{Born}}$ は，Π^0 の計算と同じ πN 相互作用を用いて，中間状態に核子が伝播するボルン項の寄与を考えたときの πN 散乱振幅である．核子のスピンで平均をとった振幅であることをバーで表している．ダイアグラムで考えれば，自己エネルギー Π^0 を計算する際の核子のループを 1 ヵ所切って，その切れた線を核子の外線とすれば πN 散乱を表すダイアグラムになるので，Π^0 と F_{Born} には，当然何らかの関係があるはずだとも言える．式 (4.43) に含まれる他の項に関しても式 (4.45) の関係を適用し，実験的に得られた式 (4.43) の散乱振幅を用いて，

$$\Pi = -4\pi \bar{F} \rho \tag{4.46}$$

とし，これを現象論的な自己エネルギーとして研究の出発点とすることが多い．式 (4.46) が実際に成立するかどうかは，理論的な πN 相互作用を用いて，散乱振幅と自己エネルギーを計算して比較することにより評価することができる．また，その理論的な振幅で，式 (4.43) の実験的に得られた散乱振幅を良い近似で記述できれば，式 (4.46) の自己エネルギーが「お墨付き」を得たことになる．実際，Δ 共鳴の自由度などを含めることによって，実験結果を再現する πN 振幅を定式化することができる [11]．式 (4.46) のように表現される Π は，$T\rho$ ポテンシャル（T が散乱振幅を表すとしたネーミング）と呼ばれることが多い．

さて，自己エネルギー Π が求められたときに，中間子–原子核束縛系の性質

をどのように計算するのか説明しよう．Π が与えられたときに，ダイソン方程式 (4.33) の解は式 (4.34) で与えられる．これは，核子の密度 ρ で特徴づけられている無限に広がる核物質中での中間子の伝播関数を，運動量空間で表したものである．まず，この伝播関数の特異点（分母 = 0 の点）が有限密度中での中間子の分散関係を表し，ある運動量に対するエネルギー準位を決めることに注意する．有限密度中での中間子の状態を決めるハミルトニアンは，伝播関数の逆演算子に対応し，運動量空間で，

$$H(q^\mu) = D(q^\mu)^{-1} = q^{02} - \vec{q}\,^2 - m_\pi^2 - \Pi(q^\mu) \tag{4.47}$$

と書ける．中間子–原子核束縛系の議論をするためには，このハミルトニアンを座標表示に書き直し，波動関数 $\Phi(t, \vec{r})$ に対するクライン–ゴルドン方程式として固有値問題を解くことになる．通常，中間子–原子核束縛系は準安定であり，時間とともに急激に変化しない準静的な状況を考える．この場合，クライン–ゴルドン方程式は時間に依存しない運動方程式になり，座標表示において q^0 から生じる時間微分の項はエネルギー固有値 E で置き換えられる．これは，波動関数の時間に依存する部分が平面波で書かれることに対応している．また，原子核の密度分布が定数ではなく，座標依存性を持つことは，局所密度分布 (Local density approximation) により，$\rho \to \rho(\vec{r})$ と置き換えることで考慮される．結局，座標表示における中間子に対するクライン–ゴルドン方程式は次のようになる．

$$\left[-\boldsymbol{\nabla}^2 + \mu^2 + \Pi(E, -i\boldsymbol{\nabla}, \rho(\boldsymbol{r})) \right] \phi(\boldsymbol{r}) = E^2 \phi(\boldsymbol{r}) . \tag{4.48}$$

ここで $\Pi(E, -i\boldsymbol{\nabla}, \rho(\boldsymbol{r}))$ は，ある座標 $\boldsymbol{r}$ で自己エネルギー Π が，$\boldsymbol{r}$ における密度 $\rho(\boldsymbol{r})$，中間子の持つエネルギー E や運動量 $\boldsymbol{p} = -i\boldsymbol{\nabla}$ に，一般に依存していることを示している．μ は中間子と原子核の換算質量である．詳しい局所密度近似に関する議論は，微視的な中間子–原子核相互作用の研究論文，例えば，文献 [35] に見ることができるので興味のある方は参照されたい．

さて，結局式 (4.48) を，束縛状態の境界条件で解くことにより，ダイソン方程式 (4.33) に含まれる自己エネルギーの寄与をすべて取り込んだ中間子–原子核束縛系の固有エネルギーと波動関数が求められることがわかった．これは，ちょうど，1 光子交換に対応する相互作用（クーロンポテンシャル）を含んだシュレーディンガー方程式を解くことによって，摂動計算では得ることのできない，クーロン束縛状態のエネルギーや波動関数を求めることができる事情とよ

く似ている．重要な既約ダイアグラムに対応する自己エネルギーをポテンシャルとして運動方程式に導入し，その解を求めることによって，既約ダイアグラムで表される相互作用が，1 回，2 回 ... 無限回繰り返したダイアグラムを考慮した計算になる．つまり既約ダイアグラムの 1 つ 1 つが，それぞれ異なるポテンシャル項として運動方程式に含まれることになる．

最後に，上記のような方法で求めた中間子の自己エネルギー Π は，一般には複素関数であることを注意しておこう．つまり，中間子–原子核系の運動方程式に含まれるポテンシャルが複素関数となる．これは，原子核物理学で散乱を記述する際によく現われる「光学ポテンシャル」と呼ばれる複素ポテンシャルと同じ意味を持ち，原子核に束縛された中間子の確率の減少，すなわち，原子核による中間子の吸収効果も表している．ポテンシャルの虚部が確率の減少に対応することは，複素ポテンシャルを含むクライン–ゴルドン方程式から連続の方程式を導いてみれば明らかである．この吸収効果は，微視的には例えば，$\pi NN \to NN$ のように，核子との相互作用で中間子が消滅する過程を意味している．ポテンシャルが複素関数であることより，当然，波動関数は複素平面上での定数位相の回転では実関数にすることができない本質的な複素関数であり，固有エネルギーは複素数となる．固有エネルギーの虚部の大きさは，その固有状態に対する吸収の強さ，すなわち状態の寿命の長さ（短さ）を意味し，不確定性関係から実部の表す固有エネルギーの不定性（エネルギー準位の幅）を意味する．

4.2.2 現実的な電磁相互作用

さて，次に中間子と原子核の間に働く電磁相互作用に関して説明する．距離 r だけ離れた符号の異なる 2 つの電荷を持つ粒子間の最も単純な電磁相互作用は，よく知られた点電荷クーロンポテンシャル (PC: Point Coulomb) である．$+Ze$ の電荷を持つ原子核と $-e$ の電荷を持つ中間子の間には，粒子の大きさを無視すれば，微細構造定数 $\alpha = \dfrac{1}{137.0}$ を用いて $V_{\mathrm{PC}} = -\dfrac{Z\alpha}{r}$ のポテンシャルが働く．この点電荷クーロンポテンシャルの場合の運動方程式の束縛状態に対する解析解は，2.3 節において紹介している．

中間子–原子核束縛系の構造の理論計算を精密に行うためには，点電荷クーロンポテンシャルを修正して，有限な大きさを持つ電荷密度分布の効果 (FS: Finite size) と光子の伝播関数に対する真空偏極の効果 (VP: Vacuum polarization) を取り入れた電磁相互作用を考える必要がある．以下に中間子と原子核の電磁相互作用として，有限な電荷密度分布の効果と真空偏極の効果をどのように取り

扱うかを説明しよう．

点電荷クーロンポテンシャルに対する真空偏極による補正は文献 [9] などで詳しく述べられており，$V_{\rm PC}$ を次のように書き換えることで取り入れることができる．

$$V_{\rm PC} \to V_{\rm PC+VP}(r) = -\frac{Z\alpha}{r}Q(r) \tag{4.49}$$

ここで関数 $Q(r)$ は，文献 [9] の式 (7.24) で与えられており，

$$Q(r) = 1 + \frac{2\alpha}{3\pi}\int_1^\infty du\, e^{-2mru}\left(1+\frac{1}{2u^2}\right)\frac{(u^2-1)^{1/2}}{u^2} \tag{4.50}$$

と定義される．ここで m は電子の質量である．

さらに，このポテンシャルに有限な電荷密度分布の効果を非摂動的に加えるために，$V_{\rm PC+VP}$ ポテンシャルを原子核の電荷密度分布 $\rho(r)$ を用いて，以下のように書き換える．

$$\begin{aligned}V_{\rm PC+VP} \to V_{\rm FS+VP}(r) =& -\alpha\int\frac{\rho(r')Q(|\bm{r}-\bm{r}'|)}{|\bm{r}-\bm{r}'|}d\bm{r}' \\ =& -\alpha\int\frac{\rho(r')}{|\bm{r}-\bm{r}'|} \\ & \times\left\{1+\frac{2\alpha}{3\pi}\int_1^\infty du\, e^{-2m|\bm{r}-\bm{r}'|u}\left(1+\frac{1}{2u^2}\right)\frac{(u^2-1)^{1/2}}{u^2}\right\}d\bm{r}'\end{aligned} \tag{4.51}$$

この $V_{\rm FS+VP}$ ポテンシャルが，真空偏極の効果と有限な電荷密度分布の効果を含んだ電磁相互作用としてクライン–ゴルドン方程式中で用いられる．ただし，有限な電荷密度分布の効果のほうが真空偏極の効果よりも大きい場合が多いので，電荷密度分布の効果のみを考慮する場合もある．その場合のポテンシャル $V_{\rm FS}(r)$ は，式 (4.51) の右辺第 1 項のみを含み，式 (4.51) で $Q \to 1$ と置き換えた式で定義される．

さて，真空偏極による補正は，式 (4.51) の右辺第 2 項で表されている．この補正項を $\Delta V(r)$ として次の式で定義しよう．

$$\Delta V(r) = -\frac{2\alpha^2}{3\pi}\int d\bm{r}'\frac{\rho(r')}{|\bm{r}-\bm{r}'|}\int_1^\infty du\, e^{-2m|\bm{r}-\bm{r}'|u}\left(1+\frac{1}{2u^2}\right)\frac{(u^2-1)^{1/2}}{u^2} \tag{4.52}$$

この項の実際の計算に関して，以下で少し説明しておく．ここでの説明は文献 [36] に，より詳細が与えられている．まず，式 (4.52) の $\bm{r}'$ による積分を極

座標で書くと，z 軸を $\boldsymbol{r}$ の方向にとって，

$$\begin{aligned}\Delta V(r) = &-\frac{2\alpha^2}{3\pi}\int r'^2 dr' d\Omega \frac{\rho(r')}{\sqrt{r^2+r'^2-2rr'\cos\theta}}\\&\times \int_1^\infty due^{-2mu\sqrt{r^2+r'^2-2rr'\cos\theta}}\\&\times \left(1+\frac{1}{2u^2}\right)\frac{(u^2-1)^{1/2}}{u^2}\end{aligned} \quad (4.53)$$

となる．球対称な電荷密度分布 ρ に対しては，$d\Omega$ の 2 次元積分が実行できて，

$$\begin{aligned}\int d\Omega \frac{e^{-2mu\sqrt{r^2+r'^2-2rr'\cos\theta}}}{\sqrt{r^2+r'^2-2rr'\cos\theta}} &= 2\pi \left[\frac{e^{-2mu\sqrt{r^2+r'^2-2rr'\cos\theta}}}{2rr'mu}\right]_{\cos\theta=-1}^{\cos\theta=1}\\&= \pi \frac{e^{-2mu|r-r'|}-e^{-2mu(r+r')}}{murr'}\end{aligned} \quad (4.54)$$

となる．これより $\Delta V(r)$ は，

$$\begin{aligned}\Delta V(r) = &-\frac{2\alpha^2}{3}\int r'^2 dr' du \rho(r') \frac{e^{-2mu|r-r'|}-e^{-2mu(r+r')}}{murr'}\\&\times \left(1+\frac{1}{2u^2}\right)\frac{(u^2-1)^{1/2}}{u^2}\end{aligned} \quad (4.55)$$

と表すことができる．

実際の数値計算においては，式 (4.55) の一部を分離して取り扱うのが便利である．関数 $f(x)$ を，

$$f(x) = \int_1^\infty due^{-2mux}\left(1+\frac{1}{2u^2}\right)\frac{(u^2-1)^{1/2}}{u^3} \quad (4.56)$$

と，定義すると式 (4.55) は簡単に

$$\Delta V(r) = -\frac{2\alpha^2}{3m}\int_0^\infty dr' \left(\frac{r'}{r}\right)\rho(r')\left[f(|r-r'|)-f(r+r')\right] \quad (4.57)$$

と表すことができる．この表式を計算に使用する．ここで関数 $f(x)$ は，電荷密度分布の $\rho(r)$ を含まないので，クライン–ゴルドン方程式を解く前に 1 次元の du 積分を先に実行し，必要な領域で $f(x)$ の値を求めておくことができる．この取り扱いは計算時間の短縮に有効である．

さて，最後に式 (4.57) の数値的な評価に関する注意点を指摘しておこう．こ

の式を計算するときには，$r' \gg r$ や $r \gg r'$ の場合における $f(|r-r'|)$ 項と $f(r+r')$ 項の間のキャンセルによる桁落ちに注意が必要である．例えば，$r' \gg r$ の領域で，$f(x)$ を $x = r'$ の近傍で展開すれば，式 (4.57) は

$$\Delta V(r) = -\frac{2\alpha^2}{3m} \int_0^\infty dr' \left(\frac{r'}{r}\right) \rho(r') \left[\{f(r') - rf'(r')\} - \{f(r') + rf'(r')\}\right]$$
$$= -\frac{2\alpha^2}{3m} \int_0^\infty dr' \rho(r')(-2r'f'(r')) \tag{4.58}$$

となる．ここで，$f'(r')$ は $f(r')$ の導関数である．右辺において主要項である $f(r')$ がキャンセルしていることが見て取れる．同様に $r \gg r'$ となる領域では，

$$\Delta V(r) = -\frac{2\alpha^2}{3m} \int_0^\infty dr' \left(\frac{r'}{r}\right) \rho(r') \left[\{f(r) - r'f'(r)\} - \{f(r) + r'f'(r)\}\right]$$
$$= -\frac{2\alpha^2}{3m} \int_0^\infty dr' \rho(r') \left(\frac{r'}{r}\right)(-2r'f'(r))$$
$$= -\frac{2\alpha^2}{3m} \left(\frac{-2f'(r)}{r}\right) \int_0^\infty dr' r'^2 \rho(r')$$
$$= -\frac{2\alpha^2}{3m} \left(\frac{-2f'(r)}{r}\right) \cdot \frac{Z}{4\pi} \tag{4.59}$$

となり，再び式 (4.58) 同様に主要項のキャンセルが生じることがわかる．ここで Z は原子核の電荷である[5]．以上からわかるように式 (4.57) の数値的な評価においては，主要項のキャンセルによる桁落ちに注意が必要である．

中間子–原子核束縛系の電磁相互作用に関しては，K 中間子原子に対して，文献 [37] でさらに高次の項まで含めて詳細に検討されている．

4.2.3　中間子–原子核系の運動方程式とその解法

中間子–原子核束縛状態の束縛エネルギーと波動関数は，理論的には次のクライン–ゴルドン方程式を解くことによって得られる．

$$\left[-\nabla^2 + \mu^2 + 2\mu V_{\text{opt}}(r)\right] \phi(\boldsymbol{r}) = \left[E - V_{\text{em}}(r)\right]^2 \phi(\boldsymbol{r}) \tag{4.60}$$

ここで，μ は中間子と原子核の間の換算質量であり，E は固有エネルギーである．2つの項 V_{opt} と V_{em} は，中間子–原子核相互作用を表し，V_{opt} は 4.2.1 項

---

[5] ここで右辺の dr' の積分区間は ∞ までであるが，ρ が原子核の電荷密度分布を表すので，十分大きい r に対しては，$r \gg r'$ の条件を満足しつつ右辺 4 行目のように積分を実行することができる．

4.2 中間子–原子核束縛状態の構造 —普通の原子と何が違うか— 59

で説明された強い相互作用の効果を表す光学ポテンシャルで中間子の自己エネルギーと $\Pi = 2\mu V_{\rm opt}$ の関係がある．$V_{\rm em}$ は 4.2.2 項で説明された電磁相互作用である．4.2.1 項で述べたように，$V_{\rm opt}$ は一般に複素関数であり，$V_{\rm opt}$ の虚部は中間子が原子核に吸収される効果を表している．固有エネルギー E は一般に複素数になり，虚数部はこの束縛状態のエネルギーの幅を表している．この幅は量子力学の不確定性より束縛状態の有限の寿命を意味している．クライン–ゴルドン方程式の固有エネルギー E を $E = \mu - B.E. - \frac{i}{2}\Gamma$ と書いて，実数部を束縛エネルギー $B.E.$，虚数部を束縛状態の幅 Γ を用いて表現することが多い．

この運動方程式を数値的に解く方法を 2, 3 紹介しておこう．まず標準的に座標空間で微分方程式を取り扱う方法に関して説明する．点電荷クーロンポテンシャルのみを含む場合に，2.3 節でクライン–ゴルドン方程式をシュレーディンガー方程式の形，式 (2.29) に変形した手順を繰り返せば，式 (4.60) も，光学ポテンシャル $V_{\rm opt}(r)$ を含んだシュレーディンガー方程式の動径方程式の形に書き換えることができる．この式は，微分方程式型の固有値問題になっており，${\rm Re} E < \mu$ の場合には離散的な固有状態を持つ．この固有エネルギーと固有関数を数値的に求めるための手順の概要は次のとおりである．

(i) 適当なエネルギーの初期値 $E = E_0$ を仮定して，動径方程式を原点付近[6]から r の大きいほうに向かって数値的に解いて動径波動関数を求める．

(ii) 同じエネルギーの初期値 E_0 用いて，動径方程式を r の大きいところから小さいほうに向かって数値的に解いて動径波動関数を求める．

(iii) E の値を変化させつつ (i) と (ii) を繰り返し，動径座標 r のある点 r_0 において (i) と (ii) で求めた波動関数が滑らかにつながるような E の値を決定する．

この E が固有エネルギーであり，このときの波動関数がこの固有状態の正しい波動関数である．ステップ (i), (ii) で微分方程式を数値的に解く手法は，ルンゲクッタ法やヌメロフ法などが有名である．これらの方法の詳細については数値計算の文献を調べて欲しい．

さて，上に述べたステップ (i)–(iii) において，はじめに仮定するエネルギーの初期値 E_0 の値，ステップ (i) において微分方程式を解き始める原点付近の座標 r の値，ステップ (ii) における座標 r の大きな値，ステップ (iii) において

---

[6] 原点 $r = 0$ は，遠心力ポテンシャルや点電荷クーロンポテンシャルが発散し，数値的に取り扱えない場合が多い．

波動関数を滑らかに接続する座標 r_0 の値，などは考えている系の性質をよく検討して妥当と思われる値を用いることが数値計算においては肝要である．エネルギーの初期値 E_0 の値は，解析解や近似解が知られている類似の系があれば，そのエネルギーが参考にできるだろう．r の小さいところ（原点付近）および大きいところ（数値計算上の無限遠点）は，境界条件の与え方にもよるが，常に系のサイズ（波動関数やポテンシャルの空間的広がりなど）をよく考えて決めるべきである．r_0 の値もポテンシャルの性質によっては数値計算の精度に影響する可能性がある．原点付近の境界条件の設定には，通常，原点で最も発散の強い遠心力ポテンシャル $\left(\propto \dfrac{\ell(\ell+1)}{r^2}\right)$ の解を用いて，軌道角運動量 ℓ の状態に対して，動径波動関数 $R(r) \sim r^\ell$ の形を利用する．式 (2.29) では，クライン–ゴルドン方程式をシュレーディンガー方程式の形に書き換えた際に，遠心力ポテンシャルの部分に ℓ ではなくて λ が現れているが，これは点電荷クーロンポテンシャルの二乗の項を含めたためである．原子核の大きさを考慮する場合はクーロンポテンシャルの形が $\dfrac{1}{r}$ と異なり原点で発散しないので，λ を導入する必要はなく境界条件には $R(r) \sim r^\ell$ を用いればよい．また，上で述べたように，遠心力ポテンシャルの値が $r=0$ で発散するために正確に $r=0$ から数値的に微分方程式を解くことができない．よって数値的には原点のごく近傍から計算を始めて r の大きいほうに向かって解いていく．

次にステップ (ii) で r の大きいところから微分方程式を解くことを考えよう．r が十分大きいところで，すべてのポテンシャルが 0 になると考えれば式 (2.29) より，動径波動関数は，$R(r) \propto \dfrac{\exp(-\sqrt{2m|\epsilon|}r)}{r}$ となり，この関数形より境界条件を設定することができる．ただし，クーロンポテンシャルは遠方でも非常にゆっくりとしか 0 に近づかないので，$R(r)$ の形としてクーロン波動関数の無限遠での振る舞いを利用することができればさらによい．

最後にステップ (iii) で，(i) および (ii) で求められた解を滑らかにつなげるのであるが，それぞれの波動関数はまだ規格化されていない．したがって，一般に (i), (ii) の解の $r=r_0$ における大きさが定数倍異なることに注意して「滑らかにつながる条件」として

$$\frac{1}{R^{\text{in}}}\frac{dR^{\text{in}}}{dr} - \frac{1}{R^{\text{out}}}\frac{dR^{\text{out}}}{dr} = 0 \tag{4.61}$$

を，ある r_0 で考える．ここで添字の in と out は，それぞれ r の小さいほうから

解いた内側の解と，大きいほうから解いた外側の解を示している．$R(r) = \dfrac{u(r)}{r}$ で定義した，$u(r)$ に対してこの条件を課す場合も多い．マッチングポイント r_0 は原理的にはどこでもよいのであるが，数値的に解の安定性を確認しながら r_0 を決めたほうが安全である．例えば，極端な井戸型ポテンシャルのようなポテンシャルを考えた場合，ポテンシャルの壁の位置を r_0 にとるのが数値計算の精度の点で有利なのは自明であろう．

さて，あるエネルギーの値 E を仮定したうえで，微分方程式を波動関数の両端から解いて，$r = r_0$ で式 (4.61) の左辺（の絶対値）を計算してその結果が，ある（小さい）収束判定パラメータの値より小さくなったときに，数値的に「滑らかにつながっている」と判定する．もし左辺の値が収束判定パラメータより大きい場合には，異なる E の値を用いて同じ計算を繰り返し，適切なエネルギーの値を探すことになる．これは，式 (4.61) の左辺を E の関数として考えれば，E を変数とした方程式の解を求める手続きに他ならない．ここで，よく用いられるのは例えば 2 分法のアルゴリズムであって，エネルギー E を変化させていって，式 (4.61) の左辺の値の符号が変わった場合には E の値を前の値に戻し，さらに E の変化幅を半分にして計算を繰り返すようになっている．もちろん，左辺の符号が変わる際に関数が不連続になっている場合は除外しなければならない．適切なエネルギー E が求められれば，その E の値を用いて，考えている r の全領域で波動関数を計算し，数値的に規格化すれば運動方程式の解が求まったことになる．

固有エネルギー E を決定する上の手続きにおける注意点を述べておこう．まず，式 (4.60) を見ると，$2EV_{\rm em}(r)$ の項が存在する．これは一種のポテンシャル項であるが，固有値 E を含んでいるので，上述の (i)–(iii) のステップに加えて，固有値方程式の解 E とポテンシャルの係数 E が同じ値になるまで反復して解く必要がある．つまり，ポテンシャルの係数の E の値を仮定して，上述のステップ (i)–(iii) を実行し，得られた固有値の E とはじめに仮定したポテンシャル係数 E が一致するまで反復するのである．また，これに関係して，異なるエネルギーの固有状態間では $2EV_{\rm em}(r)$ 項の大きさが異なるために，波動関数は厳密には直交しない．さらに，波動関数の直交性は，複素関数ポテンシャル $V_{\rm opt}(r)$ の導入によって，ハミルトニアンのエルミート性を壊す点からも変更を余儀なくされる．複素ポテンシャルを含む場合のクライン–ゴルドン方程式の固有関数の直交性に関する議論は，文献 [38] に与えられている．

さて，上に述べた基本的な数値解法の流れを理解したうえで，強い相互作用による光学ポテンシャル $V_{\rm opt}(r)$ を含んだ運動方程式の解を求める際に必要な知識をもう少し説明しよう．まず必要なのは，ポテンシャルが複素関数でエネルギー固有値が複素数となる場合に，式 (4.61) を満たす複素固有関数をガウス平面上で探す方法である．エネルギーが実数で探索範囲がエネルギーの実軸上に限られる場合に比べるとだいぶ難しそうだし，波動関数 $R(r)$ も複素関数になっていて，ちょっとややこしそうである．ここでは，複素ニュートン法とでも呼ぶべき手法 [39, 40] を説明しよう．まず，複素関数 $f(z)$ に対する次の方程式を考える．

$$f(z) = u(x,y) + iv(x,y) = 0 \tag{4.62}$$

変数 z は複素数であり，実部，虚部がそれぞれ x，y である．この方程式が式 (4.61) に対応し，z がクライン-ゴルドン方程式の複素固有エネルギーに対応する．この方程式の解が，$z_{\rm sol} = x_{\rm sol} + iy_{\rm sol}$ であったとすると，次の式が成立する．

$$u(x_{\rm sol}, y_{\rm sol}) = 0 ~,~~ v(x_{\rm sol}, y_{\rm sol}) = 0 \tag{4.63}$$

ここで，ガウス平面上の点 $(x_{\rm sol}, y_{\rm sol})$ における関数 u，v の値を，この点の近傍の点 (x, y) におけるテイラー展開の 1 次の表式で近似したとすると，次式が成り立つ．

$$\begin{aligned} 0 &= u(x_{\rm sol}, y_{\rm sol}) \\ &= u(x+\Delta x, y+\Delta y) \\ &\sim u(x,y) + \frac{\partial u}{\partial x}\Delta x + \frac{\partial u}{\partial y}\Delta y \end{aligned} \tag{4.64}$$

v に関しても同様に，

$$\begin{aligned} 0 &= v(x_{\rm sol}, y_{\rm sol}) \\ &\sim v(x,y) + \frac{\partial v}{\partial x}\Delta x + \frac{\partial v}{\partial y}\Delta y \end{aligned} \tag{4.65}$$

ここで，$x_{\rm sol} = x + \Delta x$，$y_{\rm sol} = y + \Delta y$ である．これらの式より，近似的に次の式が成り立つことがわかる．

$$\begin{aligned} u_x(x,y)\Delta x + u_y(x,y)\Delta y &= -u(x,y) \\ v_x(x,y)\Delta x + v_y(x,y)\Delta y &= -v(x,y) \end{aligned} \tag{4.66}$$

ここで添字 x，y は関数の偏微分を意味しており，$u_x = \dfrac{\partial u}{\partial x}$ などである．この 2

式を, Δx と Δy の連立方程式として解けば,

$$\Delta x = \frac{vu_y - uv_y}{J}, \quad \Delta y = \frac{uv_x - vu_x}{J}$$
$$J = u_x v_y - v_x u_y \tag{4.67}$$

が得られる. この式は大変嬉しい式である. なぜなら, この式を使えば, ガウス平面上のある点 (x, y) における関数 $u(x, y)$, $v(x, y)$ およびその導関数の値がわかれば, 求めたい点 $(x_{\text{sol}}, y_{\text{sol}})$ へ至るために必要な変位 Δx, Δy を得ることができるからである. もちろん, この式は近似的に導出したものであり, 式 (4.67) を 1 回適用することによって即座に解に到達するわけではないが, 数値的にこの手続きを複数回繰り返すことにより, 解を求めることが可能となる. さらに, ここで, コーシー–リーマンの関係式

$$u_x = v_y, \quad v_x = -u_y \tag{4.68}$$

に注意すると $J = u_x^2 + v_x^2$ であり, 結局,

$$\Delta z = \Delta x + i \Delta y$$
$$= -\frac{f(z)}{f'(z)} \tag{4.69}$$

となることがわかる. つまり, 変数 z から z' への置き換え,

$$z \to z' = z + \Delta z, \quad \Delta z = -\frac{f(z)}{f'(z)} \tag{4.70}$$

を繰り返すことにより式 (4.62) の解 z_{sol} を数値的に求めることができる. この手法は複素ニュートン法とでも呼ぶべきものであろう.

複素関数のポテンシャルを含んだ運動方程式に対して, 複素固有エネルギーを探す方法として, 歴史的に有名な手法も紹介しておこう. これは文献 [41] で報告され, 文献 [42] でも紹介されている方法である. この方法では, 原点付近から運動方程式を r の大きい方向に解いて, 十分大きな r での解の振る舞いに注目する. この点, 上で述べた式 (4.61) などの接続条件を考える方法とは異なっている. ここでは, 動径波動関数 $R(r)$ に対し, $R(r) = \dfrac{u(r)}{r}$ で定義された関数 $u(r)$ を用いて考えることにすると, $u(r)$ に対する運動方程式は, 一般に次の形で書ける.

$$-\frac{d^2u(r)}{dr^2} + (k^2 + \tilde{V}(r))u(r) = 0 \tag{4.71}$$

ここで，k^2 は複素数の固有値である．また，$\tilde{V}(r)$ は複素ポテンシャルを含む関数であり，$r \to \infty$ で十分早く 0 になるとする．さて，この固有値方程式の解（固有値）k_{sol}^2 を束縛状態に対して数値的にどう求めるかが問題である．まず，原点付近から r の大きいほうに数値的に関数 $u(r)$ を計算する．このとき，$r \sim 0$ での境界条件として $u(r) \propto r^{\ell+1}$ の形を適用し，適当な k の値を仮定すると，任意の r における関数 $u(r)$ が数値的に求められる．この $u(r)$ は，微分方程式の一般論を考えると次のような形で表現できるはずである．

$$u(r) = Af(r) + Bg(r) \tag{4.72}$$

ここで，$f(r)$ と $g(r)$ は，2 階の線形微分方程式 (4.71) の 2 つの独立な解であり，A, B は定数である．2 つの独立な解は $r \to \infty$ での振る舞いで区別できる形に選ぶことが可能なので，

$$f(r) \to \exp(-kr), \quad g(r) \to \exp(+kr) \tag{4.73}$$

であるとする．さて，我々の目的は，束縛状態の波動関数と固有エネルギーを求めることである．そのためには $u(r)$ が $r \to \infty$ で 0 になることが必要である．k の実部を正の値にとると，これは $B = 0$ を意味する．すなわち，束縛状態を求める問題は，$B = 0$ となる k の値を求める問題であると言える．このように考えると，A, B は空間座標 r に関しては定数であるが，k の値に応じて変化するので $A = A(k), B = B(k)$ と考えることができる．さらに束縛状態の解に対する条件より，$B(k_{\text{sol}}) = 0$ である．これより，ある十分大きな動径座標 $r = r_{\max}$ に対して，$|u(r_{\max})|^2$ を k の関数として考えてみる．すると，

$$\begin{aligned}|u(r_{\max})|^2 &= |A(k)\exp(-kr_{\max}) + B(k)\exp(+kr_{\max})|^2 \\ &\sim |B(k)\exp(+kr_{\max})|^2\end{aligned} \tag{4.74}$$

と書ける．すなわち，k をいろいろ変化させて $u(r)$ を数値的に求めて $r = r_{\max}$ で $|u(r_{\max})|^2$ が極小になる点を探せばよい，ということになる．しかしここで，注意が必要である．$|u(r_{\max})|^2$ の計算には $\exp(+kr_{\max})$ が含まれている．この指数関数は $r_{\max}$ が大きいので凶悪である．$k = k_{\text{sol}}$ からほんのわずかでも外れれば $B(k)$ は 0 にならず，$u(r_{\max})$ は非常に大きな値になってしまい数値的に取

り扱うのが困難である．そこで，改良版として次の関数 $v(k)$ を考える．

$$\begin{aligned} v(k) &= \frac{|u(r_{\max})|^2}{\exp(+2\text{Re}(kr_{\max}))} \\ &= \frac{|A(k)\exp(-kr_{\max}) + B(k)\exp(+kr_{\max})|^2}{\exp(+2\text{Re}(kr_{\max}))} \\ &\sim |B(k)|^2 \\ &\sim |B'(k_{\text{sol}})(k - k_{\text{sol}})|^2 \end{aligned} \quad (4.75)$$

ここで，最後の行への式変形では $B(k)$ の $k = k_{\text{sol}}$ での 1 次のテイラー展開を用いている（定数項 $B(k_{\text{sol}})$ は 0 である）．すなわち，この $v(k)$ を考えれば，$r = r_{\max}$ で $\exp(+kr_{\max})$ を含まない計算になっており，解 $k = k_{\text{sol}}$ の近傍での振る舞いはずっと穏やかで数値的な取り扱いは容易であると期待できる．$v(k)$ の極小値を探すことによって，固有値方程式を解くというのが，文献 [41] の基本的なアイディアであり，その単純さゆえに他のケースへの応用などを考えてみるのも読者には楽しいだろう．

さて，やや詳細になるが，光学ポテンシャルの中にいわゆる，P 波項が存在する場合の計算では微分演算子ナブラに挟まれたポテンシャル項の取り扱いが必要になる．この項は，例えば式 (4.46) の $T\rho$ ポテンシャルを考えたときに，πN の散乱振幅式 (4.43) に含まれる $\vec{q}' \cdot \vec{q}$ 項を座標空間で扱うときに現れる．これに関しては，文献 [42] に記述されている方法を紹介しておこう．式 (4.60) のクライン–ゴルドン方程式中の光学ポテンシャルの項 $2\mu V_{\text{opt}}(r)$ が，

$$2\mu V_{\text{opt}}(r) \equiv q(r) - \nabla \cdot \alpha(r) \nabla \quad (4.76)$$

と書かれていたとしよう．ここで，$q(r)$ は微分演算子を含まない S 波ポテンシャル項で，$\nabla \cdot \alpha(r) \nabla$ は P 波ポテンシャル項である．このときクライン–ゴルドン方程式は，

$$\left[-\nabla^2 + \mu^2 + q(r) - \nabla \cdot \alpha(r) \nabla\right] \phi(\boldsymbol{r}) = [E - V_{\text{coul}}(r)]^2 \phi(\boldsymbol{r}) \quad (4.77)$$

となる．ここで，次式で定義される変換を波動関数に施して，クライン–ゴルドン方程式を新しく定義された $\tilde{\phi}(\boldsymbol{r})$ に対する方程式に書き直す．

$$\tilde{\phi}(\boldsymbol{r}) \equiv \sqrt{1 + \alpha(r)} \phi(\boldsymbol{r}) \quad (4.78)$$

式 (4.78) を，式 (4.77) に代入すると，まず，運動エネルギー項は，

$$
\begin{aligned}
\nabla^2 \phi &= \nabla^2 (1+\alpha)^{-1/2} \tilde{\phi} \\
&= (1+\alpha)^{-1/2}(\nabla^2 \tilde{\phi}) - (1+\alpha)^{-3/2}(\nabla \tilde{\phi}) \cdot (\nabla \alpha) + \frac{3}{4}(1+\alpha)^{-5/2}(\nabla \alpha)^2 \tilde{\phi} \\
&\quad - \frac{1}{2}(1+\alpha)^{-3/2}(\nabla^2 \alpha)\tilde{\phi}
\end{aligned} \quad (4.79)
$$

となる．次に P 波ポテンシャル項 $\nabla \cdot \alpha \nabla \phi$ は，

$$
\begin{aligned}
\nabla \cdot \alpha \nabla \phi &= \nabla \cdot \alpha \nabla (1+\alpha)^{-1/2} \tilde{\phi} \\
&= \nabla \cdot \alpha \left\{ -\frac{1}{2}(1+\alpha)^{-3/2}(\nabla \alpha)\tilde{\phi} + (1+\alpha)^{-1/2}(\nabla \tilde{\phi}) \right\} \\
&= -\frac{1}{2}(1+\alpha)^{-3/2}(\nabla \alpha)^2 \tilde{\phi} + (1+\alpha)^{-1/2}(\nabla \alpha)\cdot (\nabla \tilde{\phi}) \\
&\quad + \alpha(1+\alpha)^{-1/2}(\nabla^2 \tilde{\phi}) - \alpha(1+\alpha)^{-3/2}(\nabla \tilde{\phi})\cdot(\nabla \alpha) \\
&\quad + \frac{3}{4}\alpha(1+\alpha)^{-5/2}(\nabla \alpha)^2 \tilde{\phi} - \frac{1}{2}\alpha(1+\alpha)^{-3/2}(\nabla^2 \alpha)\tilde{\phi}
\end{aligned} \quad (4.80)
$$

となる．式 (4.79) と式 (4.80) の和は，

$$
\begin{aligned}
(\nabla^2 + \nabla \cdot \alpha \nabla)\phi &= (1+\alpha)^{1/2}(\nabla^2 \tilde{\phi}) + \frac{1}{4}(1+\alpha)^{-3/2}(\nabla \alpha)^2 \tilde{\phi} - \frac{1}{2}(1+\alpha)^{-1/2}(\nabla^2 \alpha)\tilde{\phi} \\
&= (1+\alpha)^{-1/2} \left\{ (1+\alpha)(\nabla^2 \tilde{\phi}) - \frac{1}{2}(\nabla^2 \alpha)\tilde{\phi} + \frac{(\nabla \alpha)^2}{4(1+\alpha)}\tilde{\phi} \right\}
\end{aligned} \quad (4.81)
$$

とまとめることができる．この結果より，クライン–ゴルドン方程式 (4.77) は，

$$
-\nabla^2 \tilde{\phi}(\boldsymbol{r}) + \frac{1}{1+\alpha(r)}\left\{ \frac{1}{2}\nabla^2 \alpha(r) - \frac{(\nabla \alpha(r))^2}{4(1+\alpha(r))} + q(r) + \mu^2 - [E-V_{\mathrm{coul}}(r)]^2 \right\}\tilde{\phi}(\boldsymbol{r}) = 0 \quad (4.82)
$$

と書き直されることがわかる [36]．この式では微分演算子に挟まれた，P 波ポテンシャルのような項が無くなっていることに注意する．さらに K を $K^2 = E^2 - \mu^2$ と定義すると，クライン–ゴルドン方程式 (4.82) は，

$$
[-\nabla^2 + U(r)]\tilde{\phi}(\boldsymbol{r}) = K^2 \tilde{\phi}(\boldsymbol{r}) \quad (4.83)
$$

と，通常のシュレーディンガー方程式と同様の固有値方程式の形になる．ここでポテンシャル $U(r)$ は，

$$U(r) = \frac{1}{1+\alpha(r)} \left\{ q(r) + \alpha(r)K^2 + 2EV_{\text{coul}}(r) - V_{\text{coul}}^2(r) + \frac{1}{2}\nabla^2\alpha(r) - \frac{(\nabla\alpha(r))^2}{4(1+\alpha(r))} \right\}$$
(4.84)

となり，r に依存する局所的な関数，すなわち波動関数にかかる微分演算子など含まない単純なポテンシャルである．この形に変形して取り扱えば，P 波ポテンシャルの項が存在する場合も通常の局所的なポテンシャル問題と同じ方法で解くことができる．

最後に，運動量空間においてクライン–ゴルドン方程式を数値的に解く方法をごく簡単に紹介しよう．散乱問題においては，無限遠方での固有状態が運動量の固有関数であるために，運動量表示が便利な場合がある．実際，場の理論の摂動論であるファインマン則を用いた記述や，リップマン–シュウィンガー (Lippmann–Schwinger) 方程式を用いた散乱の記述においては，ほとんどの場合運動量を変数として散乱振幅の計算をする．束縛状態の記述においては，量子力学の座標表示を用いても運動量表示を用いてもまったく等価であり，計算の目的に適した便利なほうを用いればよい．運動量空間における数値的解法は文献 [43] で報告されている．

軌道角運動量 ℓ の状態に対する運動量空間でのクライン–ゴルドン方程式は積分方程式となり，次のように書ける．

$$\begin{aligned}
& k^2 R_\ell(k) + 2E \int V_\ell(k, k') R_\ell(k') k'^2 dk' \\
& - \int V_\ell(k, k'') V_\ell(k'', k') R_\ell(k') k''^2 k'^2 dk'' dk' \\
& - 4\pi \int S_\ell(k, k') R_\ell(k') k'^2 dk' - 4\pi \int P_\ell(k, k') R_\ell(k') k'^2 dk' \\
& = (E^2 - \mu^2) R_\ell(k)
\end{aligned}$$
(4.85)

ここで $R_\ell(k)$ は運動量空間での動径波動関数を表す．V_ℓ は，電磁相互作用ポテンシャルのベッセル関数による二重フーリエ変換であり，点電荷ポテンシャルの場合には，第 2 種ルジャンドル関数 $Q_\ell(z)$ [44] を用いて，解析的に，

$$V_\ell(k, k') = -\frac{Ze^2}{\pi} \frac{Q_\ell(z)}{kk'}, \quad z = \frac{k^2 + k'^2}{2kk'}$$
(4.86)

と書くことができる．また強い相互作用による光学ポテンシャルを，

$$2\mu U_{\text{opt}}(r) = -4\pi s(r) + 4\pi \nabla p(r) \nabla \quad (4.87)$$

と書いたとすると，式 (4.85) 中の $S_\ell(k, k')$ と $P_\ell(k, k')$ は，以下のように計算される．

$$S_\ell(k, k') = \frac{2}{\pi} \int j_\ell(kr) s(r) j_\ell(k'r) r^2 dr \quad (4.88)$$

$$P_\ell(k, k') = \sum_{\ell'} (\ell 010|\ell'0)^2 kk' \frac{2}{\pi} \int j_\ell(kr) p(r) j_{\ell'}(k'r) r^2 dr \quad (4.89)$$

ここで，$(\ell 010|\ell'0)$ はクレブシュ–ゴルダン (Clebsch–Gordan) 係数を表す．これらの積分の部分を離散的な点における被積分関数の和として数値的に求める形にすると，積分方程式 (4.85) は (k, k') で指定される行列要素を持った行列の演算の表式で書くことができる．この表式に逆行列による反復法を用いることによって，束縛状態の固有エネルギーと固有関数を求めることができる [43]．また，運動量空間においてクーロンポテンシャルが特異点を持つことは，数値計算上の難点としてよく知られているが，この特異点を取り除く方法として，文献 [43] では，ランデの引き算法が用いられている．当然のことながら，座標表示により得られた結果と同じ結果を与えることが確認されている．

4.2.4 中間子–原子核系の構造 ——般的な性質—

ここでは，中間子と原子核の束縛系の構造に関して種々の中間子系に共通な部分の説明をする．各系に特徴的な性質や，物理的な興味に関しては，第 5 章で述べることにする．

まずはじめに注意すべきことは，第 3 章で紹介したように，中間子の持つ電荷は ±1, 0 などの場合があり電磁相互作用の効き方が異なる．通常，中間子と原子核の束縛状態を考えるのは，原子核との電磁相互作用が引力に働く負電荷を持つ中間子の場合と，純粋に強い相互作用のみで束縛する電気的に中性な中間子の場合である．束縛状態を形成するのに中心的に働く相互作用の違いによって，図 1.4 で示された中間子原子と中間子原子核の構造の違いが生じることに注意しながら以下の説明を読んでほしい．また，もちろん正電荷を持つハドロンも強い相互作用から生じる強い引力の効果で原子核との束縛状態を形成することは可能であるが[7]，正電荷中間子の束縛系は現在まで知られておらず，ここでは考えない．

---

[7] 原子核中の陽子自身がこの例である．

4.2 中間子–原子核束縛状態の構造 —普通の原子と何が違うか—

さて，負電荷を持ち原子核からのクーロン引力を感じる中間子と原子核の束縛状態のエネルギー準位は，第 0 近似として，2.3 節で説明した点電荷クーロンポテンシャルの解で与えられる．この準位が，電荷分布の有限な広がりや真空偏極の効果，そして強い相互作用の効果によって変更を受けて現実的なエネルギー準位となる．典型的な例として，π^- 中間子–原子核束縛系のエネルギー準位の計算結果を図 4.5 に示してある．このような系は，電磁相互作用で束縛している通常の原子と類似したエネルギースペクトルを示すことから「エキゾティック原子」とか「中間子原子」と呼ばれる．

量子力学の授業でおなじみのように，点電荷クーロンポテンシャルの束縛状態は電荷の大きさによらず可付番無限個存在し，負電荷を持つハドロンと原子核の束縛状態は強い相互作用が斥力の場合にも必ず存在する．ただし原子核の吸収効果が大きい場合には，ごく短寿命の系となり準安定な状態とは言えないケースもありうる．図 4.5 では，ジルコニウムと鉛の同位体 ^{90}Zr と ^{208}Pb に束縛さ

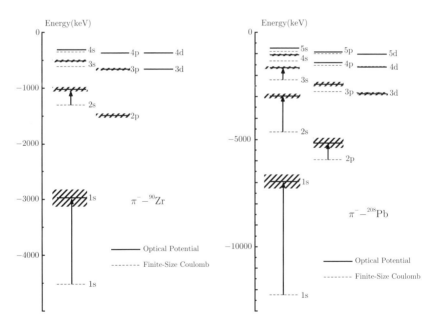

図 4.5 文献 [1,45] より．π^- 中間子と ^{90}Zr および ^{208}Pb 原子核との束縛系のエネルギー準位と幅．有限な電荷密度分布を考慮したクーロン相互作用による束縛準位と，強い相互作用も含めた全ポテンシャルによって生じる束縛準位の理論計算結果である．斜線部分は強い相互作用の吸収効果（ポテンシャルの虚数部分）によって生じる準位幅を示している．

れたπ中間子原子のエネルギー準位を表しており，有限な電荷密度分布による電磁相互作用で生じる準位を点線で，強い相互作用も含めた全ポテンシャルによって生じる準位を実線で示している．π中間子と原子核の強い相互作用は複雑でその効果は単純ではないが，重い核の深い束縛状態に対してはおおむね斥力として働く．また，光学ポテンシャルの虚部による吸収効果で生じた準位の幅は，斜線で示されている．この幅は，ブライト–ウィグナー (Breit–Wigner) 共鳴公式に現れる幅と同じもので，いわゆる FWHM（full width half maximum：半値全幅）を表している．2.3 節で説明したように，$Z = 82$ の Pb の場合にクライン–ゴルドン方程式の点電荷ポテンシャルに対する実数エネルギー解は存在しないので，点電荷による準位は描かれていない．

図 4.5 を見ると，$1s, 2p, 2s$ などの深い束縛状態で，強い相互作用による準位の幅が，隣り合う準位のエネルギー間隔よりも小さく，斜線で示されている部分が隣の準位の斜線部と重なってない．このような場合は，準安定な状態が存在し，各準位がそれぞれ独立性を保った準位であると判断される．もしも幅が巨大で隣同士の準位の斜線部が重なる場合には，独立で完全に区別された準位であるとみなすことは難しくなってくる．

次に，電気的に中性な中間子と原子核の束縛系に関して考えよう．この場合の典型的な束縛状態のエネルギー準位を図 4.6 に示した．この図は，$\eta(958)$ 中間子と ^{4}He 原子核の束縛状態の理論的な計算結果である [46]．$\eta(958)$ 中間子の原子核中での性質に関しては現在までにあまり詳しく知られていないので，相互作用の強さを仮定した計算になっている．このような中間子–原子核の状態は，クーロン相互作用による束縛状態の準位とは異なり，井戸型ポテンシャルや調和振動子ポテンシャルの場合の準位構造に似ていることがわかるであろう．短距離に働く強い相互作用の場合，束縛状態の数は有限個であり，通常の原子核の構造と同様に，核が小さくてポテンシャルの空間的な広がりが狭くなるほど，隣り合う束縛準位のエネルギーの間隔は大きくなる傾向がある．同様に，小さい核においては量子力学的な零点エネルギーも大きくなり，大きい核に比べて束縛状態の準位の数が少ない傾向がある．また，これらの中間子–原子核の状態は，強い相互作用によって主に原子核の内側に束縛されているので，波動関数の広がりは中間子原子の状態よりも小さく，また，束縛エネルギーは一般に中間子原子状態よりも大きくなっている．

さて興味深い系として，負電荷を持ち，さらに強い相互作用も引力である中間子の束縛状態を紹介しておこう．この場合，中間子と原子核の相互作用は，

4.2 中間子-原子核束縛状態の構造 —普通の原子と何が違うか—

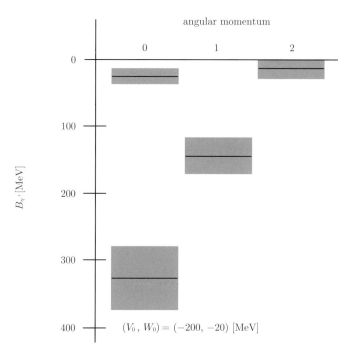

図 4.6 典型的な中間子原子核のレベル構造として，$\eta(958)$ 中間子-^{4}He 原子核束縛系のエネルギー準位の計算結果 [46] を図示してある．強い相互作用のみによる束縛状態であり，強い相互作用の吸収効果（ポテンシャルの虚数部分）によって生じる準位幅も示されている．

強くて短距離の引力と弱くて長距離の引力を合わせたものであり，束縛状態の準位には，中間子「原子」の状態と中間子「原子核」の状態が共存することになる．具体的な例としては K^- 中間子が有名である．図 4.7 に K^- 中間子-原子核ポテンシャルと束縛準位の様子の模式図を，図 4.8 に理論的に計算された K^- 中間子と ^{39}K 原子核の束縛状態を示した．図 4.7 を見ると，K^- 中間子-原子核間のポテンシャルは，原子核の近傍では井戸型ポテンシャルのごとき形状を持ち，核から離れた位置ではクーロンポテンシャルの特徴を持っていることがわかる．図 4.8 に描かれた 4 枚のエネルギー準位図の中で，上側 2 枚は原子状態にある K^- 中間子原子のエネルギーを表し，下側 2 枚は原子核の内側に束縛された K^- 中間子原子核のエネルギーを表している．左列と右列では異なる光学ポテンシャルを用いた計算になっている．さて，この図からいくつかのことが読み取れる．まず，中間子原子の状態と中間子原子核の状態の束縛エネ

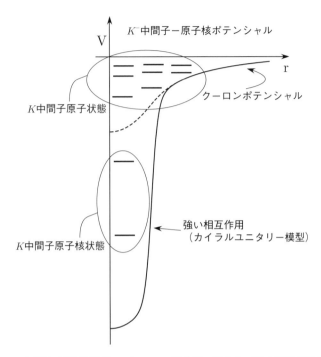

図 4.7 K^- 中間子–原子核間ポテンシャルの模式図．遠方まで働く電磁相互作用（クーロンポテンシャル）による引力と，原子核半径程度まで働く強い相互作用による引力が共存している．強い相互作用の引力の強さはカイラルユニタリー模型のものを参考にした．点線は原子核の電荷分布によって生じるクーロンポテンシャルである（口絵 3 参照）．作図は山縣淳子氏による．

ギーの違いである．上側の図と下側の図を，縦軸の目盛りの単位の違いに注意しながら見てみると，束縛エネルギーや準位の幅の大きさが原子状態と原子核の状態で顕著に異なることが見て取れる．さらに，左右の図を比較すると，異なる光学ポテンシャルを用いた計算で，原子状態のエネルギー準位はそっくりなのに原子核状態のエネルギー準位は大きく異なっていて束縛状態の数も違うことに気がつく．K^- 中間子と原子核の系において，束縛状態の準位構造がこのような性質を持つことは以前から知られていて，5.2 節で説明するように現在の K^- 中間子研究においても注意するべき重要な点の 1 つである．

ここで，1 つ注意が必要である．上記の説明で，K^- 中間子と ^{39}K 原子核の束縛状態を「中間子原子」と「中間子原子核」に分類したが，これらは量子数のような指標で区別されるものではない．K^- 中間子–原子核の系の場合に束縛状

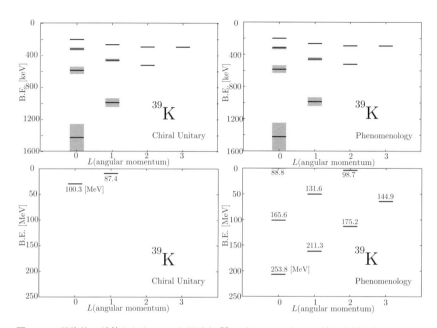

図 4.8 理論的に計算された K^- 中間子と ^{39}K（カリウム）原子核の束縛状態のエネルギー準位図 [47]．電磁相互作用によるクーロンポテンシャル，および，強い相互作用による光学ポテンシャルの両方を含んだ計算結果である．左列と右列の図は異なる光学ポテンシャルを用いた結果であり，上側は原子軌道にある K^- 中間子のエネルギー準位，下側は原子核の内側に主に束縛された中間子原子核状態の準位を示している．各準位の幅の大きさは，原子状態に対しては灰色帯で，原子核状態に対しては数値で表されている．上側の図と下側の図の縦軸の単位の違いに注意してほしい．

態の解を得るために行うことは，ともに引力のクーロンポテンシャルと光学ポテンシャルを用いて，4.2.3 項で紹介した方法でクライン–ゴルドン方程式を解くことに尽きる．K^- 中間子–原子核間の全ポテンシャルは，原子核中での深い井戸型タイプのポテンシャルと，なだらかなクーロンポテンシャルを足し合わせた形になっていて，このポテンシャルに対する束縛準位が各角運動量に対して求まり，その結果を図示したものが図 4.8 である．例えば，この図の右列に示された準位で角運動量 $L = 0$ の準位を見ると，深いほうから 3 番目までが中間子原子核であり 4 番目以降が中間子原子である．この境目を決めるのが，束縛状態の波動関数の空間的な広がりである．図 4.9 にこれらの状態の K^- 中間子の密度分布を示した．この図を見ると，束縛準位が「中間子原子」と「中間子原子核」のどちらの性質を持っているか一目瞭然であろう．これにより，ク

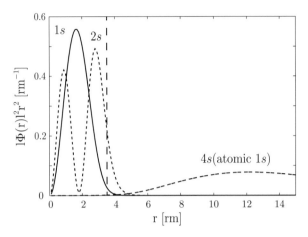

図 4.9 理論的に計算された K^- 中間子と ^{39}K 原子核（カリウム）の束縛状態の密度分布図 [47]．図 4.8 の右列で示された軌道角運動量 $L=0$ の束縛状態のうち，束縛エネルギーの大きいほう（深く束縛されたほう）から 1，2，4 番目の束縛状態に対応している．

クライン–ゴルドン方程式の $L=0$ に対する解で，エネルギーの下から 4 番目の状態が「中間子原子」の $'1s'$ 状態とみなされることになる．一方，図 4.8 の左列の場合においては，$L=0$ の下から 2 番目の状態が，中間子原子の $'1s'$ 状態とみなされる．すなわち，強い相互作用による光学ポテンシャルの強さによって，観測された K^- 中間子原子の状態が，クライン–ゴルドン方程式の何番目の解と対応するか変わりうるのである．この点は実験結果から K^- 中間子の性質を決定するうえでの難点となる．

さて，最後に，量子数が定まった準安定な束縛状態を研究するご利益について紹介しておこう．量子数が定まった状態間の遷移に関しては選択則と呼ばれるルールが成り立つ場合があるのはよく知られている．例えば，原子からの光の放射現象について言えば，励起状態にある電子がエネルギーの低い状態へ電磁遷移する際には，角運動量移行 $\Delta\ell=1$ を伴う．これは低エネルギーの光の持つ角運動量の大きさからくる制限である．このために，原子の X 線放出による脱励起過程は $3d \to 2p \to 1s$ のように進む．

我々が，中間子–原子核の束縛系を対象に強い相互作用の影響を研究する場面においては，束縛状態の量子数によって光学ポテンシャルの各項の及ぼす効果に顕著な違いが現れることが重要である．すなわち，異なる束縛状態のエネ

ギーや幅を知ることによって，強い相互作用の情報を選択的に，種々の効果を区別して得ることができる．これは，量子数が定まった準安定な状態を研究することによって初めて可能となる．なぜ選択的な情報が必要なのかは，一言で言えば，束縛状態の観測から得られる諸量の物理的な意味を正しく理解するためである．例えば，中間子と原子核の間に引力的な効果が存在するときに，それが，いわゆる質量の変化によるものであるとみなせる部分なのか，もしくはクーロン相互作用のようなベクトル的な相互作用なのか区別がつけられなければ，実験的事実をより微視的な理解につなげることが困難になる．

少し式を使って具体的に説明しよう．中間子原子の準位に対する強い相互作用の効果を摂動論を使って議論してみる [11]．強い相互作用による光学ポテンシャルとして次の形を考える．

$$V(\vec{r}) = -\frac{4\pi}{2m_\pi}[b\rho(\vec{r}) - c\nabla \cdot \rho(\vec{r})\nabla] \tag{4.90}$$

ここで b と c はポテンシャルの強度を決めるパラメータであり，右辺の第1項は，いわゆる S 波ポテンシャル，第2項は P 波ポテンシャルを表す．また，$\rho(\vec{r})$ は原子核の密度分布である．摂動計算のために，この $V(\vec{r})$ を含まないで解析解が存在する場合として，点電荷クーロンポテンシャルのみが働く場合を考える．このとき，中間子原子の波動関数はクーロン波動関数であり，光学ポテンシャル $V(\vec{r})$ が有意な値を持つ原子核半径程度の領域では，

$$\phi(\vec{r}) \sim N r^\ell Y_{\ell m}(\hat{r}) \tag{4.91}$$

のように振る舞う．ここで，ℓ と m はおなじみの軌道角運動量の量子数であり，N は定数である．この $\phi(\vec{r})$ を用いて $V(\vec{r})$ によるエネルギー変位 ΔE を1次の摂動論を用いて計算してみる．簡単のために，原子核の密度分布 $\rho(\vec{r})$ を，半径 R の一様な球であると仮定すると，

$$\Delta E = \text{constant} \times \left[\frac{b}{2\ell+3}R^{2\ell} + c\ell R^{2\ell-2}\right] \tag{4.92}$$

となる [11]．ここで注意しなくてはいけないのは，S 波ポテンシャルと P 波ポテンシャルのエネルギー変位に対する効果が，束縛状態の角運動量 ℓ と原子核密度分布の大きさ R によって独立に変化するということである．それぞれの効果の比をとってみると，

$$\frac{\Delta E(P-\text{wave})}{\Delta E(S-\text{wave})} = \frac{c}{b}\frac{(2\ell+3)\ell}{R^2} \qquad (4.93)$$

となる．すなわち，大きい原子核と中間子の系で小さな角運動量 ℓ を持つ束縛状態に注目すれば，S 波ポテンシャルに対する感度が高く，S 波ポテンシャルを詳しく調べることができる．また逆に，小さい原子核で大きな角運動量 ℓ を持つ束縛状態を調べれば，中間子と原子核間の P 波ポテンシャルについて詳しく調べられるはずである．このように，目的のポテンシャル各項の性質に応じて，最適な束縛系を選ぶことができるのは，量子数が定まった準安定な状態を用いた研究だからである．

現実的な相互作用を用いた数値計算の結果も紹介しておこう．図 4.10 は，クーロン相互作用によるエネルギー準位を基準にして，光学ポテンシャルの各項による束縛エネルギーの変化を図示したものである．まず，錫の同位体 ^{115}Sn に対する結果を示した左図の $1s$ 状態を見てみよう．光学ポテンシャルの S 波項の実部を加えると，クーロン相互作用による基準のレベル (0 MeV) から 2.3 [MeV] 程度変位し，その後，他の項を加えてもそこからほとんど変位しない．すなわち，強い相互作用の効果として重要なのは光学ポテンシャルの S 波項のみであって，$1s$ 状態のエネルギーを実験的に知ることができれば，S 波項を決定することができる．これに比べて軌道角運動量 $\ell=1$ の $2p$ 状態では，S 波項の実

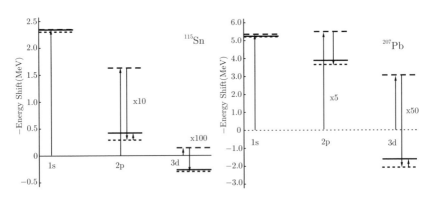

図 4.10 錫と鉛の同位体における π^- 中間子原子 $1s$, $2p$, $3d$ 準位の，光学ポテンシャルの効果による束縛エネルギーの変位 [1, 48]．縦軸の 0 MeV はクーロン相互作用のみによる束縛エネルギーの位置を表し，それに光学ポテンシャルの S 波項の実部を加えたときのエネルギーを破線，さらに P 波項の実部を加えたときのエネルギーを点線で示してある．虚部も含めて光学ポテンシャル全体を考慮した結果は実線で示されている．

部と P 波項の実部の効果が大きくキャンセルしていることがわかる．また，$3d$ 状態では，P 波項の実部の効果が最も大きいことがわかる．次に右図の鉛の同位体 ^{207}Pb に対する結果を見ると，^{115}Sn の場合と同様の傾向を示すが，全体に S 波項の効果の割合が大きくなっていることがわかる．この傾向は，まさに上の摂動計算から期待されたとおりであって，研究目的とする強い相互作用の効果や光学ポテンシャル中の項に合わせて，生成・観測するべき最適な中間子原子や中間子原子核の束縛状態を選択することが可能になる．

4.3　中間子–原子核束縛状態生成法1 —X線分光法—

本節と 4.4 節では，中間子–原子核束縛系の生成方法について述べる．まず，本節では，中間子原子の研究が開始された当初から伝統的に用いられてきた「X線分光法」を簡単に紹介しておこう．

X 線分光法は，通常の原子の場合と同様に，励起状態にある束縛系がよりエネルギーの低い状態に向かって電磁的な過程で遷移する際に放出される光子（X 線）のエネルギーを測定し，束縛準位のエネルギーの間隔や，各準位のエネルギーの広がり（幅）の情報を得る方法である．中間子と原子核の系に適用するためには，まず，中間子を加速器を用いて人工的に生成し，それをマクロな物質中に入射する．すると，中間子は物質中で種々の散乱を繰り返しながら減速し，ある確率で非常に高励起な原子軌道に捕獲される．そこから，X 線を放出しながら脱励起を繰り返し基底状態に向かって落ちていく．この X 線を観測する．負電荷を持つ π^-，K^- 中間子は，不安定ではあるが，弱い相互作用による崩壊が主なので 10^{-8} 秒程度の比較的長い寿命を持ち，電磁遷移の間程度は存在し続けられる．また X 線分光法は，中間子ではないが，負電荷を持つ反陽子 $\bar{p}$ と原子核の束縛状態の観測に用いることもできる．もちろん $\bar{p}$ は安定な粒子であり原子核に吸収されるまでは存在する．

X 線分光法の特徴としては，負電荷を持つエキゾティックな粒子（中間子など）が原子軌道に束縛されているエキゾティック「原子」の状態の生成や観測にしか利用できないことが挙げられる．つまり，上に述べたような，負電荷を持つ π^-，K^- 中間子，反陽子 $\bar{p}$ などが原子軌道に存在する束縛系の生成・観測には用いることができるが，電気的に中性な η，$\eta(958)$ 中間子などの束縛系の研究には使えない．また，この手法で問題となるのは，X 線を放出する電磁遷

移が強い相互作用による原子核への吸収過程と競合することであり，真空中とは異なる吸収過程で粒子が減少してしまい，電磁遷移をする粒子数が減ってしまう点である．図 4.11 に X 線分光法の模式図を示してある．図中に $\Gamma_{\rm rad}$ で示されている電磁相互作用による遷移の強さのほうが，強い相互作用による原子核への吸収の強さ $\Gamma_{\rm abs}$ より強ければ，原子軌道にある中間子は，主に，X 線を出して低い原子軌道に遷移する．しかし，より深い束縛状態に入るほど，中間子の波動関数と原子核の密度分布の重なり合いは大きくなり，より強く原子核に吸収されるようになる．そして $\Gamma_{\rm abs} \sim \Gamma_{\rm rad}$ となる軌道を最終軌道として，そこより深い準位には電磁遷移をほとんど起こさなくなり，直接原子核に吸収されてしまう．つまり，最終軌道よりも深い束縛準位に遷移する X 線は出なくなるのである．強い相互作用による吸収の効果は光学ポテンシャルの虚部により表現されるが，物理的な過程としては，例えば原子核中の 2 核子による π 中間子の吸収 $\pi + N + N \rightarrow N + N$ のようなものであって，π 中間子は消滅するが X 線分光法に必要な光子は出てこない．しかし，一方，離散的な束縛状態の存在する条件は，各エネルギー準位の幅よりも，エネルギー準位間の間隔 ΔE が大きいことであって，$\Delta E > \Gamma_{\rm abs} > \Gamma_{\rm rad}$ の場合には，離散的な準位が存在するにもかかわらず X 線分光法では観測できない事態が起こりうる．実際，X 線で

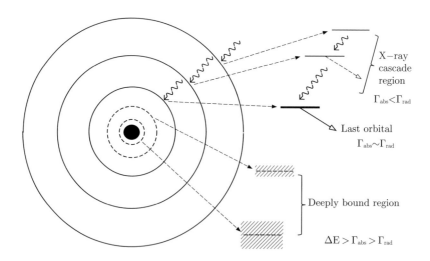

図 **4.11** 電磁遷移により X 線を放出しながら深い状態に向かって脱励起していく π^- 中間子の様子と電磁遷移で到達可能な最終軌道，および，電磁遷移では到達し得ない「深く束縛された π 中間子状態」の存在を表した模式図．文献 [1] より．

は見えない離散的状態の存在可能性は π 中間子原子の研究において理論的に問題提起され，後にその存在が実証されている [45, 49]．

さて，実際に得られた実験結果を見てみよう．図 4.12 に，実際に X 線分光法によって得られた，π 中間子原子のエネルギーに関する実験結果を図示してある [50]．上図は，横軸に原子核の陽子数をとり，縦軸には，「観測された束縛

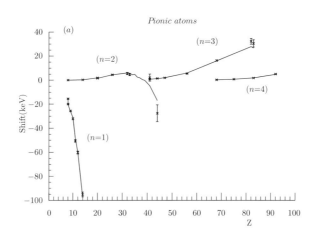

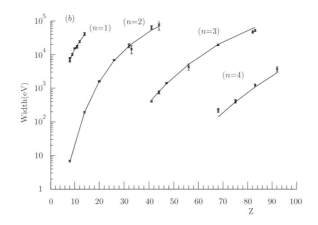

図 **4.12** X 線分光法によって得られた，種々の原子核における π^- 中間子原子準位の（上図）エネルギーシフトと（下図）準位の幅の測定値 [50]．エネルギーシフトは，電磁相互作用のみを考慮した計算結果と測定値の差を意味しており，強い相互作用の効果を表す．ここでは引力的なシフトを正符号にとっている．強い相互作用による吸収の効果を表す準位の幅は，log スケールでプロットされている．

エネルギー」と「電磁相互作用から計算される束縛エネルギー」の差（エネルギーシフト）をとっている．このエネルギーシフトが強い相互作用の効果と考えられ，図ではシフトが引力的である場合を正符号にとっている．下図は各束縛準位の幅の測定値を縦軸にとってある．上で述べたようにX線分光で観測されるのは，遷移する前の準位と遷移した後の準位のエネルギーの差や，両レベルの持つ幅の重ね合わせであるが，遷移前の浅く束縛された状態のシフトや幅は，遷移後のより深い束縛状態に比べて非常に小さいことが多く，データとして得られるのは，ほとんど遷移後の深い準位に対するシフトや幅である．つまり $(n\ell) \to (n'\ell')$ 準位間の遷移では得られる情報は，ほとんど $(n'\ell')$ 準位のものである．

図4.12を見ると，実験データにはいくつか特徴があることがわかる．まず，多くの核においては，エネルギーシフトや準位の幅は1つの束縛準位についてのみ観測されている．これは，その準位こそが最終軌道の束縛準位であって，より深い準位へのX線はほとんど観測されないことを意味する．また，より浅い準位に対しては，強い相互作用の効果が極めて小さくなってしまうため，やはりシフトや幅がほとんど観測されていない．これは，例外的に2つの準位に関してデータが存在する核，例えば $Z \sim 40$ の領域で，$2p$ 状態 ($n = 2$) と $3d$ 状態 ($n = 3$) の幅を比較してみれば，大きさが約2桁異なることからもわかるだろう．また，図4.12から，大きい核ほど，最終軌道が原子のより高い励起準位になることがわかる．例えば，$Z \leq 10$ の核では，$1s$ 状態まで観測されているが，鉛 $Z = 82$ の領域では $3d$ 状態が辛うじて観測されているのみで，$1s$, $2s$, $2p$ 状態の情報はX線分光法では得られていない．さらに，エネルギーシフトの符号を見ると，$1s$ 状態は核が大きくなるに従って強い相互作用によるシフトが斥力的な負符号のまま大きさを増し，$2p$ 状態では小さい核では引力的な正符号のシフトであるが，核が大きくなるに従って負符号に転じる．これはまさに，**??**項の最後で説明した S 波ポテンシャルと P 波ポテンシャルの効果の異なる振る舞いに起因している．$1s$ 状態では S 波ポテンシャルの効果が大きく，$2p$ 状態に対しては，小さい核では P 波ポテンシャルの効果が優勢だが，大きい核では S 波ポテンシャルの効果が大きくなっているのだ．つまり，π^- 中間子の場合，S 波ポテンシャルは斥力的，P 波ポテンシャルは引力的な効果を持っていることがわかる．

最後にX線分光法のデータは，それぞれの角運動量の値で最もエネルギーの低い状態（イラスト状態と呼ばれる）に沿って得られていることを注意しておこう．

つまり，原子核に捕獲された中間子は，ほとんど，$n\ell \to \cdots \to 4f \to 3d \to 2p \to 1s$ という順に基底状態（$1s$ 状態）に向かって脱励起していく．これは，低エネルギーの光による電磁遷移が角運動量移行 $\Delta \ell = 1$ を伴うことと，はじめに中間子が原子核に捕獲される際に非常に大きな主量子数 n と軌道角運動量 ℓ を持った状態に入るためである．例えば，$3p \to 2s$ などの遷移が観測できれば $2s$ 状態の情報が得られるはずだが，この遷移をする中間子の個数は少ない．

4.4 中間子–原子核束縛状態生成法2—欠損質量による分光法—

本節では，中間子–原子核束縛系の生成法として，標的核に高エネルギーのハドロンや原子核を入射するハドロン反応による方法を紹介しよう．束縛される中間子は，入射粒子の持つ高い運動エネルギーを利用して反応の過程で生成され，ある確率で原子核の束縛状態に捕獲される．これを利用するのである．また，原子核中にある中間子が，自発的に崩壊したり原子核に吸収されたりする際に射出される粒子を観測する方法もある．こちらも紹介する．

4.4.1 2体反応の運動学の基礎
—物質の性質や相互作用に無関係に決まる散乱の様子—

中間子原子や中間子原子核の生成反応がどのように記述されるか理解するために，まず，文献 [51] を基にして，反応の運動学 (Kinematics) の議論から始めよう．運動学を用いると，時空間の並進対称性によるエネルギーと運動量の保存則のみから決まる粒子の運動の様子を理解することができる．例えば，止まっているボーリングの球にピンポン球を投げつけた場合には，衝突する場所に応じてピンポン球は様々な方向に散乱されるが，止まっているピンポン玉にボーリングの球を衝突させた場合には，ボーリングの球が真後ろに跳ね返ってくることは決してない．これが，ピンポン球やボーリングの球の表面の様子や，それらの間に働く力（相互作用）の性質によらないことは経験的にわかるであろう．このような運動の制限を理解することが運動学である．一方，これに対して，考えている系の構造や性質，相互作用などを記述し理解することは，いわゆる動力学 (Dynamics) の範疇に含まれていて，運動学で記述されるものとは異なる．例えば，ピンポン玉とボーリングの球の表面の硬さや反発係数（跳ね返り係数）などが異なる場合には散乱の様子は異なるが，運動学からの要請

—エネルギー運動量保存則— は，常に満足されていて，運動学からの要請を満足しない反応は起こらないのである．

ここでは，初期状態に存在する2粒子（粒子番号1番，2番）が何らかの反応を起こし，一般的には初期状態と異なる2粒子（粒子番号3番，4番）が終状態に存在するような，2体から2体への反応の運動学を考察しよう．ここでも原則として自然単位系（$c = \hbar = 1$）を用い c，$\hbar$ は明記しない．運動学が意味することを理解するために必要な作業は，2体（粒子1番，2番）→2体（粒子3番，4番）の反応において，エネルギー運動量保存則

$$\vec{p_1} + \vec{p_2} = \vec{p_3} + \vec{p_4}$$
$$E_1 + E_2 = E_3 + E_4 \tag{4.94}$$

を満たす解（4粒子のすべてのエネルギーと運動量）を，種々の座標系（重心系（CM系：center of mass system），実験室系（lab系：laboratory system），その他）で求めてみることである．ただし，ここで各粒子のエネルギー E_i と運動量 $\vec{p_i}$ は，m_i を各粒子の質量として，相対論的な

$$E_i = \sqrt{\vec{p_i}^2 + m_i^2} \quad (i = 1 \sim 4) \tag{4.95}$$

の関係を持っている．また，「物理系の構造や性質」が変化しなくても，座標系を変えると微分断面積の大きさや分布は変化するので，エネルギーと運動量を求めることに加えて，座標系を変えた場合の断面積の変化について理解することも，一種の運動学的な問題であると言える．

2体から2体の反応の場合は，とても単純な系なので式 (4.94)，式 (4.95) の解を求める方法は何通りもあると思うが，ここでは，はじめに重心系での解を求めた後にローレンツ変換によって座標系を変える，という2段階の手続きをとることにする [51]．この方法を理解しておくと，いわゆる普通の実験室系に限らず「おこのみの座標系」にローレンツ変換することによって，様々な系でのエネルギーと運動量を容易に求めることができる．

まずはじめに，重心系でのエネルギーと運動量を求めよう．重心系は条件，

$$\vec{p_1}^{\text{CM}} + \vec{p_2}^{\text{CM}} = \vec{p_3}^{\text{CM}} + \vec{p_4}^{\text{CM}} = 0 \tag{4.96}$$

を満足する座標系として定義される．重心系における2体反応の大きな特徴は，

終状態の粒子（粒子3番，4番）のエネルギーおよび3元運動量の大きさが散乱角度によって変化しないことである．このことより，次のような手順で簡単に解を求めることができる．まず

$$\begin{aligned} s &= (E_1 + E_2)^2 - (\vec{p_1} + \vec{p_2})^2 \\ &= (E_3 + E_4)^2 - (\vec{p_3} + \vec{p_4})^2 \end{aligned} \quad (4.97)$$

を計算する．これは，マンデルスタム (Mandelstam) の s 変数と呼ばれる量で，どの座標系でも一定の値をとるローレンツ変換に対する不変量である．また，s 変数の定義とエネルギー運動量の保存則 (4.94) を比較すれば明らかなように，始状態と終状態でも変化しない．すなわち「どこかの座標系」で「いつか（始状態もしくは終状態のどちらかで）」を求めておけば，考えている系においては「どの座標系」でも「いつでも」同じ値をとる便利な量である．この s 変数を用いて，重心系における終状態の運動量は以下のように与えられる．

$$\begin{aligned} |\vec{p_3^{\mathrm{CM}}}| &= |\vec{p_4^{\mathrm{CM}}}| = \frac{1}{2\sqrt{s}} \lambda^{1/2}(m_3^2, m_4^2, s) \\ \vec{p_3^{\mathrm{CM}}} &= -\vec{p_4^{\mathrm{CM}}} \end{aligned} \quad (4.98)$$

ここで λ は，Källen 関数と呼ばれる関数で次のように定義される．

$$\lambda(a,b,c) = a^2 + b^2 + c^2 - 2ab - 2bc - 2ca \quad (4.99)$$

まったく同様に重心系における初期状態の運動量 $\vec{p_1^{\mathrm{CM}}}$ および $\vec{p_2^{\mathrm{CM}}}$ も s 変数より計算される[8]．つまり，例えば，考えている2体反応の初期状態が2番粒子が静止している実験室系で与えられている場合，1番粒子の質量 m_1，1番粒子の入射エネルギー E_1^{lab} もしくは運動量の大きさ $|\vec{p_1^{\mathrm{lab}}}|$，2番粒子の質量 m_2 がわかれば，式 (4.97) から初期状態の実験室系において s 変数を求めることができ，さらに式 (4.98) を用いて重心系における各粒子の運動量，式 (4.95) から重心系における各粒子のエネルギーを求めることができるわけだ．このように求めた重心系における各粒子のエネルギーが，正しく重心系におけるエネルギー保存則 (4.94) を満たしていることを確認すれば良い検算になる．

さて次に，重心系で求めた各粒子のエネルギーと運動量を，ローレンツ変換に

---

[8] m_3, m_4 の代わりに m_1, m_2 を用いればよい．

より他の「おこのみ」の座標系に移動することを考える．この目的のために便利なエネルギー運動量のローレンツ変換の表式は，以下の式で与えられる [52]．

$$E_1^* = \frac{E_2 E_1 - \vec{p_2} \cdot \vec{p_1}}{M_2}$$

$$\vec{p_1^*} = \left[\left[\left(\frac{E_2}{M_2} - 1\right)\frac{\vec{p_2} \cdot \vec{p_1}}{\vec{p_2}^2} - \frac{E_1}{M_2}\right]\vec{p_2} + \vec{p_1}\right] \quad (4.100)$$

$$(ここで M_2 = \sqrt{E_2^2 - \vec{p_2}^2}\ )$$

この変換式の意味は，ある座標系 **A** におけるエネルギーと運動量 $(E_1, \vec{p_1})$ を，異なる座標系 **B** におけるエネルギーと運動量 $(E_1^*, \vec{p_1^*})$ に変換するということである．ここで座標系 **B** は，座標系 **A** で定義されたエネルギーと運動量 $(E_2, \vec{p_2})$ の静止系として定義される．つまり，座標系 **B** において，$\vec{p_2^*} = 0$ である（例えば，右辺の $(E_1, \vec{p_1})$ の代わりに $(E_2, \vec{p_2})$ を代入すれば $E_2^* = M_2$，$\vec{p_2^*} = 0$ となっていることが容易に確認できる）．すなわち，重心系（座標系 **A** に対応する）で求めた粒子 1 から 4 番までのエネルギーと運動量を，すべて，重心系における 2 番粒子の運動が静止する実験室系（座標系 **B** に対応する）にローレンツ変換すれば，4 粒子すべての実験室系でのエネルギーと運動量を求めることができる．検算としては，最後に得られた実験室系でのエネルギーと運動量の保存則などを確認してみればよい．また，式 (4.100) における，$(E_2, \vec{p_2})$ を変えることによって，座標系 **B** の定義は様々に変化させることが可能であり，「おこのみ」の座標系でのエネルギー運動量が得られることも自明であろう．これにより，KEKB 加速器のような非対称エネルギーの衝突型加速器における運動学の考察にも，ここで説明した手順は利用できる．また，ボーリングの玉とピンポン球の散乱の例においては，重心系では任意の散乱角の散乱が可能であるが，「初期状態のピンポン球静止系」においては，ボーリングの玉の入射方向前方の非常に限られた角度にのみ散乱可能であることが簡単に確認できる．また，「初期状態のボーリングの球静止系」が重心系に極めて近いことも数値的に確認できる．

次に座標系を変更した場合に断面積がどのように変化するか検討しよう．相対論的な量子力学の教科書などに示されているように，散乱振幅を T としたときに 2 体から 2 体への断面積は以下のように表される [8]．

$$dσ = \frac{1}{v_{rel}} \frac{m_1}{E_1} \frac{m_2}{E_2} |T|^2 (2π)^4 δ^4(p_1+p_2-p_3-p_4) \frac{1}{(2π)^3} \frac{m_3}{E_3} d^3\vec{p_3} \frac{1}{(2π)^3} \frac{m_4}{E_4} d^3\vec{p_4}$$
$$= \frac{2m_1 m_2}{λ^{1/2}(s,m_1^2,m_2^2)} |T|^2 (2π)^4 δ^4(p_1+p_2-p_3-p_4)$$
$$\times \frac{1}{(2π)^3} \frac{m_3}{E_3} d^3\vec{p_3} \frac{1}{(2π)^3} \frac{m_4}{E_4} d^3\vec{p_4} \quad (4.101)$$

式 (4.101) 中の各変数や関数の意味は自明であろう．各粒子のエネルギーと運動量に関して現れる因子 $\frac{m}{E}$ は，$\frac{1}{2E}$ と表される場合もあるが，相対論的な位相体積の計算で本質的なのは規格化の変化を考慮するための $\frac{1}{E}$ の形である．本節の始めで述べた動力学的な内容は，ローレンツ不変な散乱振幅 T に含まれていて，運動学的に許される範囲内にどのような確率で反応が生じるかを決定する．一般に T は，反応に関与する全粒子のエネルギーや運動量，スピンの向きなどの関数である．この式 (4.101) を，適当な座標系を定めたうえで書き換えることによって，各座標系での微分断面積を書き表すことができる．例えば実験室系と重心系を考えた場合にそれぞれの座標系における微分断面積は以下のように書き表せる．

$$\left(\frac{dσ}{dΩ_3}\right)_{lab} = \frac{|T|^2}{(2π)^2} \frac{2m_1 m_2 m_3 m_4}{λ^{1/2}(s,m_1^2,m_2^2)}$$
$$\times \frac{|\vec{p_3}|^2_{lab}}{(E_3+E_4)|\vec{p_3}|_{lab} - E_3|\vec{p_1}|\cos θ_{lab}} \quad (4.102)$$

$$\left(\frac{dσ}{dΩ_3}\right)_{CM} = \frac{|T|^2}{(2π)^2} \frac{4m_1 m_2 m_3 m_4 |\vec{p_3}|^2_{CM}}{λ^{1/2}(s,m_1^2,m_2^2) λ^{1/2}(s,m_3^2,m_4^2)} \quad (4.103)$$

この計算の本質は，エネルギー運動量保存を表す 4 次元の $δ$ 関数を，終状態 2 粒子に関する 6 次元の位相空間積分でうまく積分してやることにある．これらの表式から，特に前方散乱（散乱角 $0°$）の場合には，

$$\left(\frac{dσ}{dΩ_3}\right)_{lab} \bigg/ \left(\frac{dσ}{dΩ_3}\right)_{CM} = \frac{|\vec{p_3}|^2_{lab}}{|\vec{p_3}|^2_{CM}} \quad (4.104)$$

のような関係があることがわかる．

4.4.2 欠損質量分光法と不変質量法

中間子と原子核の束縛状態を，ハドロンや原子核の反応で生成観測する方法としては，大きく分けて欠損質量 (Missing mass) 分光法と不変質量 (Invariant mass) 法がある．これらの方法の原理を，4.4.1 項で理解した運動学を利用して説明しよう．例として，実際に深く束縛された π 中間子原子の発見に利用された，質量数 208 の鉛同位体 ^{208}Pb を標的とした $(d, ^3\text{He})$ 反応 [53] に関して考察しよう．この反応で π 中間子原子を生成するシグナルの過程は，

$$d + {}^{208}\text{Pb} \to {}^3\text{He} + ({}^{207}\text{Pb} \otimes \pi) \tag{4.105}$$

と表すことができる．ここで，$({}^{207}\text{Pb} \otimes \pi)$ は ^{207}Pb と π 中間子の束縛状態を表す．

この反応の運動学的な特徴について，4.4.1 項で得た結果に基づいて考察してみよう．標的核として ^{208}Pb が静止している実験室系を考えると，入射する重陽子 d のエネルギーを決定すれば，4.4.1 項で説明した手法によって，実験室系における終状態の ^{3}He および $({}^{207}\text{Pb} \otimes \pi)$ のエネルギーや運動量を得ることができる．このとき，注意しなければいけないのは，^{3}He の散乱角度を決定すると終状態 2 粒子の運動量がすべて決まり，^{3}He のエネルギーの値が定まることである [9]．これは，式 (4.101) で，独立な変数が 6 個（$\vec{p_3}$ と $\vec{p_4}$ の各成分）あるのに対し，δ 関数から生じる条件 4 つに加えて，$\vec{p_3}$ の方向を決めることにより角度変数に 2 つの条件をつけることから，$\vec{p_3}$ と $\vec{p_4}$ がすべて決まるのである．この値を，式 (4.102) に代入すれば，この反応における散乱振幅の二乗 $|T|^2$ を用いて，実験室系での微分断面積を得ることができる．

さて，ではこの反応で，ある一定の角度（例えば前方 $\theta_{\text{lab}} = 0°$）で射出 ^{3}He を観測し，エネルギー分布を描いてみたらどうなるか？この分布に対応する断面積の式は，式 (4.102) を得る際に，E_3 に関する積分を実行する直前の式，

$$\left(\frac{d\sigma}{d\Omega_3 dE_{\text{tot}}}\right)_{\text{lab}} = \frac{|T|^2}{(2\pi)^2} \frac{2m_1 m_2 m_3 m_4}{\lambda^{1/2}(s, m_1^2, m_2^2)} \frac{|\vec{p_3}|^2_{\text{lab}}}{(E_3 + E_4)|\vec{p_3}|_{\text{lab}} - E_3|\vec{p_1}|\cos\theta_{\text{lab}}}$$
$$\times \delta(E_{\text{tot}} - E_1 - E_2) \tag{4.106}$$

で表される．この式で $E_{\text{tot}} = E_3 + E_4$ であり，粒子番号 3 の粒子が射出 ^{3}He に対応する [10]．つまり，エネルギー運動量保存の条件から定まった E_3 の値においてデルタ関数的なピークを持つような分布図になる．式 (4.106) のような

---

[9] 入射粒子が重い場合は実験室系では反応が前方に集中し，終状態の粒子の運動量とエネルギーの大きさは，実験室系のある散乱角度に対して 2 つの値が可能になる．これらは，重心系では異なる散乱角度に対応している．

[10] すでに運動量保存則が課せられた式であり，E_3 と E_4 は独立変数でないことに注意する．

射出角度とエネルギーの両方を変数に持つような断面積を二重微分断面積と呼び，エネルギーの関数として図示した断面積を反応のスペクトラムと呼ぶこともある．注意すべきことは，スペクトラムのピークの位置が運動学的に一意的に定まることである．

ここで粒子番号 4 に対応している π 中間子原子 (^{207}Pb $\otimes \pi$) の質量について考えてみよう．(^{207}Pb $\otimes \pi$) の意味する状態は，標的核 ^{208}Pb から中性子が 1 つ取り除かれた ^{207}Pb 原子核の周りの原子軌道に，π 中間子 1 個が束縛されている状態である．この系の質量 $M_{207\otimes\pi}$ は，標的核 ^{208}Pb の基底状態の質量を M_{208} とすれば，

$$M_{207\otimes\pi} = M_{208} - M_n + S_n((nj\ell)_n) + m_\pi - B_\pi((n\ell)_\pi) \tag{4.107}$$

と書くことができる．ここで，M_n，m_π は，中性子と π 中間子の質量，S_n と B_π は，反応で標的核から取り除かれる中性子の分離エネルギーと，π 中間子の束縛エネルギーを表している．S_n と B_π は，中性子と π 中間子の核内での状態に依存しており，$(nj\ell)_n$ や $(n\ell)_\pi$ はそれぞれの束縛準位を指定する量子数である．すなわち，(^{207}Pb $\otimes \pi$) の質量は，束縛状態にある中性子と π 中間子の離散的なエネルギーの組み合わせに対応して，複数の離散的な値をとる．このとき，考えている $(d, ^3\text{He})$ 反応の，ある散乱角度におけるエネルギースペクトラムは，離散的な (^{207}Pb $\otimes \pi$) の質量に対応したそれぞれの E_3 の値にピークを持つような構造になる．これは，(^{207}Pb $\otimes \pi$) の質量が異なれば，当然，エネルギー運動量の保存則を満足する E_3 の値も変化するためである．つまりは，^{208}Pb を標的とした $(d, ^3\text{He})$ 反応で，ある射出角度における ^{3}He のエネルギースペクトラムのピーク位置を観測すれば，^{207}Pb 原子核における π 中間子原子の束縛エネルギーの実験的な情報が得られるということになる．

上の話を少し整理しよう．反応 $1 + 2 \to 3 + 4$ において，射出粒子 3 のエネルギーをある射出角度で観測しエネルギースペクトラムの構造を調べる．すると，いくつかのエネルギー E_3 の値で，観測された粒子 3 の個数が多くなり粒子 3 のエネルギースペクトラムにピークが現れたとする．このピークの位置における 3 番粒子のエネルギーや運動量を用いて，欠損質量 (Missing Mass) M_{miss} として，

$$M_{\text{miss}}^2 = (E_1 + E_2 - E_3)^2 - (\vec{p_1} + \vec{p_2} - \vec{p_3})^2 \tag{4.108}$$

という量を定義すれば，エネルギー運動量の保存則より，$M_\mathrm{miss}^2 = E_4^2 - (\vec{p_4})^2$ であって，反応の断面積が大きくなるような場合に対応した欠損質量は，その反応で生成された 4 番粒子の質量 M_4 と等しいことがわかる．つまり「量子力学的に定まった離散的な静止質量」を持った何らかの状態や粒子が，質量 M_miss を持つ 4 番粒子として生成されていることが実験的にわかるわけだ．注意したいのは，欠損質量という名前が暗示するとおり，上の手順では，4 番粒子は直接的には何も観測されていないことである．つまりは実施する実験は $1+2 \to 3+X$ 反応の観測であって X 部分は観ていない．このように，終状態で粒子 3 のみを見ることによって X 部分に現れる量子力学的な状態や新粒子などを観測する方法を，欠損質量分光法と呼ぶ．もちろん X は，粒子が多数発生する場合や崩壊幅の非常に広い不安定粒子の生成する場合なども含むので，実験的に得られたエネルギースペクトラムに現れるピーク構造は，はっきりした構造を持たないなだらかなバックグラウンドの上に観測されるのが普通である．

π 中間子原子生成の話に戻れば，3 番粒子として ^{3}He のエネルギースペクトラムを観測し，そのピークの位置から定めた複数の M_miss が，式 (4.107) の $M_{207\otimes\pi}$ に対応する．これより，複数の $B_\pi((n\ell)_\pi)$ の値を求めることができる．このとき，式 (4.107) の右辺に現れるその他の量は既知なので問題ない．また，この方法では，ピークの位置自身は運動学的な条件から決まっており，反応機構の詳細によらないというのも重要な点であろう．反応機構の詳細は式 (4.106) の $|T|^2$ に含まれており，それぞれのピークの強度，すなわち，4 番粒子として生成される状態の生成確率の大きさを決定するのである．この $|T|^2$ 部分の取り扱いに関しては，4.4.3 項で説明する．

スペクトラムに現れるピークの幅に関して補足しておこう．式 (4.106) で表される二重微分断面積はエネルギーに関する分布としては δ 関数であって，無限小の幅を持つピーク構造であるが，現実に観測される断面積は有限の幅を持つ．この幅の起源は 2 つあって，1 つは中間子束縛系の持つ物理的な性質によるものである．4.2.4 項でも述べたように，中間子の束縛系は，光学ポテンシャルの虚部で表される強い相互作用の影響により有限の寿命を持つ準安定状態であって，不確定性原理からエネルギー固有値に幅を持つ．この幅により，エネルギースペクトラムは，共鳴公式で与えられるような，いわゆるローレンツ分布型のエネルギー依存性を持つことになる．例えば $E = E_0$ をピークのエネルギーとする，幅 Γ の規格化されたローレンツ分布関数 $f_L(E)$ は，

$$f_L(E) = \frac{\Gamma}{2\pi} \frac{1}{(E-E_0)^2 + (\Gamma/2)^2} \tag{4.109}$$

で与えられる．Γ はピークの高さが最高点の半分になる場所でのピークの幅，半値全幅 (FWHM: full width half maximum) であり，係数 $\frac{\Gamma}{2\pi}$ は規格化定数である．この強い相互作用の効果により，式 (4.106) の δ 関数はローレンツ分布関数に置き換えられることになる．2つ目の幅の起源は実験装置のエネルギー分解能である．この分解能を表す規格化された関数を簡単に $g(E)$ と書いたとすると，$g(E)$ は $E = 0$ でピークを持ち分解能に対応する広がりを持った E の関数になる．すると，実験で観測されるスペクトラムのエネルギー分布 $f(E)$ はこれら2つの分布を重ね合わせて，

$$f(E) = \int dE' f_L(E') g(E' - E) \tag{4.110}$$

と表される．当然，理想的な実験装置を用いて $g(E) = \delta(E)$ であれば，$f(E)$ と $f_L(E)$ は一致する．

さて，具体的にどのような実験結果が存在するのか見てみよう．図 4.13 は，鉛の同位体 ^{206}Pb を標的とした，$(d, ^3\text{He})$ 反応による深く束縛された π 中間子原子生成実験のデータである [54]．実験はドイツの GSI 研究所で行われた．この図の横軸は娘核 ^{205}Pb の基底状態からの励起エネルギー (Excitation Energy) であるが，この値は式 (4.108) の M_{miss} を使うと，^{205}Pb の基底状態の質量を M_{205} として，Excitation Energy $= M_{\text{miss}} - M_{205}$ であり，射出された ^{3}He のエネルギーと1対1に対応している．縦軸は，^{3}He が前方に射出された場合の二重微分断面積であり，いくつかのピーク構造が観測されていることがわかる．図中に示されているように各ピーク構造は，π 中間子の束縛状態と標的核 ^{206}Pb 中の中性子の状態の組み合わせに対応づけられている．中性子は終状態の ^{205}Pb では原子核から取り除かれているので，空孔を意味する記号 $(\cdots)^{-1}$ で表記されている．3つの中性子の準位からの寄与は分離されていないが，π 中間子原子の $1s$ 状態と $2p$ 状態がきれいに観測されている．励起エネルギーの 139 [MeV] と 140 [MeV] の間で縦に点線で区切られているところは π 中間子の生成しきい値であり，この線より右側の領域では π 中間子が十分なエネルギーを持って散乱状態として生成されることが可能である．そのために，エネルギーとともに緩やかに断面積が増加していく傾向がある．

次に不変質量法について考えよう．この方法では，核内に存在する中間子が自発的に崩壊したり原子核に吸収されたりした場合に，核外に射出される粒子

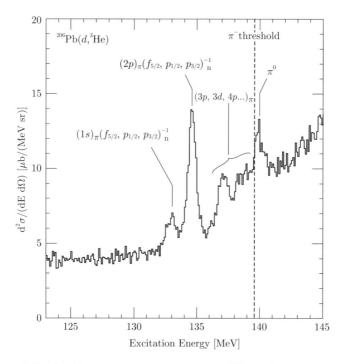

図 4.13 入射エネルギー $T_d = 604.3$ [MeV] における ^{206}Pb$(d,^3$He$)$ 反応で観測された二重微分断面積が，娘核 ^{205}Pb の基底状態からの励起エネルギーの関数として描かれている [54]．各ピークに対応する π 中間子と中性子の準位は図中に示されている．140 [MeV] 近傍における π^0 と示されたピークは，同時に測定された $p(d,^3$He$)\pi^0$ 反応からの寄与である．点線は π 中間子の生成しきい値を表している．

を観測することによって，崩壊直前の中間子の質量を知ることができる．中間子の状態として束縛状態を考える場合もあるが，生成された中間子が束縛されずに核内を運動して，核外に射出される前に崩壊する過程を考えることが多い．具体的に文献 [16] の実験を例にとって考えてみよう．この実験は KEK で行われ，12 GeV の陽子ビームを使い原子核中に ϕ 中間子を生成した．この ϕ 中間子は有限の寿命を持ち，ある確率で $\phi \to e^- + e^+$ のように電子と陽電子の対に崩壊する．この実験では，核外に射出された e^- と e^+ のエネルギーと運動量を測定する．電子と陽電子の持つエネルギーや運動量を添え字 $-$ と $+$ で表すと，ϕ 中間子の崩壊時におけるエネルギーと運動量の保存則は 4 元運動量を使って，

$$p_\phi^\mu = p_-^\mu + p_+^\mu \tag{4.111}$$

である．したがって，核外で p_-^μ と p_+^μ を実験的に決定したうえで，これらから不変質量 $m_{\rm inv}$,

$$m_{\rm inv} = \sqrt{(p_- + p_+)^2} \tag{4.112}$$

を計算すれば，崩壊直前の ϕ 中間子の質量 m_ϕ を得ることができる．不変質量 $m_{\rm inv}$ は，マンデルスタムの s 変数の平方根と同じものであるからローレンツ変換に対して不変であって，ϕ 中間子の運動の速さなどによらず常に静止質量の値になる．もちろん，中間子の質量が原子核中で変化するのであれば，ϕ 中間子が崩壊した位置での核密度の大きさによって m_ϕ, すなわち観測される $m_{\rm inv}$ の大きさは変化する．その場合，$m_{\rm inv}$ の観測結果は，電子–陽電子対に崩壊したすべての ϕ 中間子の寄与の総和となるため，大きい原子核中に速度の小さい ϕ 中間子を生成し，原子核中で崩壊する ϕ 中間子の割合を増すほうが質量変化の情報を得るのに有利であると言える．また，この手法では，電子と陽電子の持つエネルギーや運動量（方向も含む）が，ϕ 中間子の崩壊から観測までの間に変化してしまうと ϕ 中間子の情報が失われてしまう．このために，$\phi \to e^- + e^+$ へ崩壊する割合は，ϕ 中間子の全崩壊過程のなかで 10^{-4} 程度の割合であり，かなり小さいにもかかわらず，実験では他の粒子との相互作用が弱いレプトン対への崩壊チャンネルを利用している．

最後に欠損質量法との大きな違いを述べておくと，不変質量法では中間子の状態が離散的な束縛状態にある必要はない．むしろ，非常に大きな核物質中を運動している，並進対称性を持つような粒子に対して正しい描像に基礎をおいている．中間子が準安定な束縛状態にあるときは，エネルギー的にはハミルトニアンの固有状態であり一定の値を持つが，運動量に関しては固有状態ではなくフェルミ運動量程度に分布している．したがって，射出粒子対のエネルギーと運動量から不変質量分布を計算するのではなく，粒子対のエネルギーの和のほうが有用な観測量である可能性もある．実際の実験においては，欠損質量法と不変質量法を併用して，中間子束縛系生成反応で射出される粒子と，中間子の崩壊/吸収によって射出される粒子の両方を測定する方法 (coincidence measurement) も行われている．

4.4.3　有効核子数法による中間子–原子核系生成断面積の計算

ここでは，実際の π 中間子原子生成の研究に用いられた，有効核子数法を用

いた中間子–原子核系生成断面積の計算方法に関して説明しよう．この方法は簡便で汎用性が高く，比較的幅が狭くて寿命の長い中間子–原子核系の生成断面積を理論的に評価するために使われてきている．その主要なポイントは「素過程断面積の因子化と素過程に関する既知の実験値の利用」および「中間子–原子核系生成断面積に有効に寄与する標的核中の核子数の評価」である．具体的な例として，図 4.14 で示されている，$(d,{}^3\mathrm{He})$ 反応による π 中間子束縛状態生成を，文献 [36] の説明を基礎にして考えてみることにしよう．この方法は，4.4.2 項で述べた方法のうち，欠損質量分光法に分類されるものであり，式 (4.106) 中の $|T|^2$ に含まれている中間子–原子核系の生成強度を理論的に計算して図 4.13 のようなスペクトラムの形を理論的に得るためのものである．運動学的な考察のみでは，4.4.2 項で述べたようにピークの位置だけしか決まらない．以下に説明する有効核子数法は比較的容易に様々な 1 核子移行反応に適用可能である．例えば筆者らによって，(n,d) [55]，$(d,{}^3\mathrm{He})$ [53]，(K^-,p) [56] 反応の研究に用いられた．

まず，束縛状態の生成断面積の理論的評価から始めよう．図 4.14 に描かれているような $(d,{}^3\mathrm{He})$ 反応における π 中間子と原子核の束縛状態，いわゆる π 中間子原子の生成断面積は，標的核が十分重い場合に実験室系で

$$d\sigma = \sum_{\mathrm{n}\otimes\pi} \frac{V^2}{v_{\mathrm{rel}}} \frac{1}{VT} |S_{fi}|^2 \frac{V}{(2\pi)^3} d\boldsymbol{p}_{\mathrm{He}} \tag{4.113}$$

と書くことができる．S 行列 S_{fi} は，

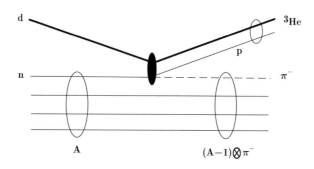

図 4.14　$(d,{}^3\mathrm{He})$ 反応による π 中間子束縛状態生成の概念図 [36]．A で示された標的核に入射した重陽子 d が，核内の中性子 n と反応して核内に π 中間子を生成し ${}^3\mathrm{He}$ が射出される様子が示されている．

4.4 中間子–原子核束縛状態生成法 2 —欠損質量による分光法—

$$S_{fi} = \int dt d\boldsymbol{r} \sqrt{\frac{M_{\text{He}}}{E_{\text{He}}}} \frac{1}{\sqrt{V}} e^{iE_{\text{He}}t} \chi^*_{\text{He}}(\boldsymbol{r}) \sqrt{\frac{1}{2E_\pi}} e^{iE_\pi t} \phi^*_\pi(\boldsymbol{r})$$
$$\times iT(p_d, p_n, p_{\text{He}}, p_\pi)$$
$$\times \sqrt{\frac{M_d}{E_d}} \frac{1}{\sqrt{V}} e^{-iE_d t} \chi_d(\boldsymbol{r}) \sqrt{\frac{M_n}{E_n}} e^{-iE_n t} \psi_n(\boldsymbol{r}) \quad (4.114)$$

で定義されている.ここで,ϕ_π と ψ_n は,終状態の π 中間子の束縛状態の波動関数,および,始状態の中性子の束縛状態の波動関数である.$\sum_{n \otimes \pi}$ は,初期状態の中性子の束縛状態と終状態の π 中間子の束縛状態の組み合わせについて和をとることを意味する[11].また,χ_d と χ_{He} は,ともに散乱波で入射粒子である重陽子 d と射出粒子である ^{3}He の波動関数を表している.また,$T(p_d, p_n, p_{\text{He}}, p_\pi)$ は,この反応の素過程 $d + n \to {}^3\text{He} + \pi^-$ における中間子生成過程の振幅を表している.V と T は散乱断面積の定式化の際に現れる量であり,$(d,{}^3\text{He})$ 反応を考えている空間の体積と時間の長さを意味する [8].これらは発散量をわかりやすく取り扱うために導入される記号であり,観測量を表す最終的な表式ではキャンセルして現れることはない.また,式 (4.114) からわかるように,ここでは,標的核中の $(A-1)$ 個の核子は反応に関与しない傍観者 (spectator) と仮定されている.これらの式が有効核子数法を定式化するための出発点である.

さて,式 (4.114) の S 行列を変形すると,

$$\begin{aligned} S_{fi} =& iT(p_d, p_n, p_{\text{He}}, p_\pi) \sqrt{\frac{M_{\text{He}} M_d M_n}{2E_{\text{He}} E_\pi E_d E_n}} \frac{1}{V} \int dt e^{i(E_{\text{He}}+E_\pi-E_d-E_n)t} \\ & \times \int d\boldsymbol{r} \chi^*_{\text{He}}(\boldsymbol{r}) \phi^*_\pi(\boldsymbol{r}) \chi_d(\boldsymbol{r}) \psi_n(\boldsymbol{r}) \\ =& iT(p_d, p_n, p_{\text{He}}, p_\pi) \sqrt{\frac{M_{\text{He}} M_d M_n}{2E_{\text{He}} E_\pi E_d E_n}} \frac{1}{V} (2\pi) \delta(\Delta E) \\ & \times \int d\boldsymbol{r} \chi^*_{\text{He}}(\boldsymbol{r}) \phi^*_\pi(\boldsymbol{r}) \chi_d(\boldsymbol{r}) \psi_n(\boldsymbol{r}) \end{aligned} \quad (4.115)$$

となる.時間 t に関する積分から,エネルギー差 $\Delta E = E_{\text{He}} + E_\pi - E_d - E_n$ に関する δ 関数が生じる.これは,終状態に生じる π 中間子–原子核束縛系全体の運動エネルギーを無視できる範囲[12] で,反応の正しいエネルギー保存則を表している.もちろん π 中間子と中性子は束縛状態にいるので相対論的なエ

---

[11] 実際の計算では 1 粒子状態の和に加えてスピンの向きや角運動量の合成に関する和もあり,やや複雑である.詳しく知りたい読者は論文 [1, 53] などを参照してほしい
[12] 標的核が重くて後で説明される運動量移行が小さい場合には良い近似である.

ネルギー E_π と E_n はそれぞれの真空中での質量よりも小さな値をとる．これより，式 (4.113) 中の $|S_{fi}|^2$ は，次のように書くことができる．

$$\begin{aligned}|S_{fi}|^2 &= \frac{|T(p_d,p_n,p_{\text{He}},p_\pi)|^2 M_{\text{He}} M_d M_n}{2E_{\text{He}} E_\pi E_d E_n} \frac{(2\pi)^2}{V^2} (\delta(\Delta E))^2 \\ &\quad \times \left| \int d\bm{r} \chi^*_{\text{He}}(\bm{r}) \phi^*_\pi(\bm{r}) \chi_d(\bm{r}) \psi_n(\bm{r}) \right|^2 \\ &= \frac{|T(p_d,p_n,p_{\text{He}},p_\pi)|^2 M_{\text{He}} M_d M_n}{2E_{\text{He}} E_\pi E_d E_n} \frac{(2\pi)T}{V^2} \frac{\Gamma}{2\pi} \frac{1}{\Delta E^2 + \Gamma^2/4} \\ &\quad \times \left| \int d\bm{r} \chi^*_{\text{He}}(\bm{r}) \phi^*_\pi(\bm{r}) \chi_d(\bm{r}) \psi_n(\bm{r}) \right|^2 \end{aligned} \quad (4.116)$$

ここで δ 関数の二乗を次のように書き換えている．

$$\begin{aligned}(\delta(\Delta E))^2 &= \delta(0)\delta(\Delta E) = \frac{1}{2\pi} \int e^{i0t} dt \times \delta(\Delta E) \\ &= \frac{T}{2\pi} \times \frac{\Gamma}{2\pi} \frac{1}{\Delta E^2 + \Gamma^2/4} \end{aligned} \quad (4.117)$$

4.4.2 項で述べたように，π 中間子原子の固有エネルギーは，有限な寿命に対応して幅を持つ．式 (4.117) において，$(d,{}^3\text{He})$ 反応のエネルギースペクトルの分布に，π 中間子原子のエネルギーの幅の効果を取り入れるために，エネルギー保存則を意味する δ 関数をローレンツ分布 $\frac{\Gamma}{2\pi} \frac{1}{\Delta E^2 + \Gamma^2/4}$ で置き換えている点に注意が必要である．ローレンツ分布は $\Delta E = 0$ を満足する共鳴エネルギーで，幅 Γ のピーク構造を持つ．

これより式 (4.113) で定義された断面積は，

$$\begin{aligned}d\sigma &= \sum_{\text{n}\otimes\pi} \frac{V^2}{v_{\text{rel}}} \frac{1}{T} \frac{|T(p_d,p_n,p_{\text{He}},p_\pi)|^2 M_{\text{He}} M_d M_n}{2E_{\text{He}} E_\pi E_d E_n} \frac{(2\pi)T}{V^2} \frac{\Gamma}{2\pi} \frac{1}{\Delta E^2 + \Gamma^2/4} \\ &\quad \times \left| \int d\bm{r} \chi^*_{\text{He}}(\bm{r}) \phi^*_\pi(\bm{r}) \chi_d(\bm{r}) \psi_n(\bm{r}) \right|^2 \frac{d\bm{p}_{\text{He}}}{(2\pi)^3} \\ &= \sum_{\text{n}\otimes\pi} \frac{|T(p_d,p_n,p_{\text{He}},p_\pi)|^2}{2v_{\text{rel}}(2\pi)^2} \frac{M_{\text{He}} M_d M_n}{E_{\text{He}} E_\pi E_d E_n} \frac{\Gamma}{2\pi} \frac{1}{\Delta E^2 + \Gamma^2/4} \\ &\quad \times \left| \int d\bm{r} \chi^*_{\text{He}}(\bm{r}) \phi^*_\pi(\bm{r}) \chi_d(\bm{r}) \psi_n(\bm{r}) \right|^2 |\bm{p}_{\text{He}}| E_{\text{He}} dE_{\text{He}} d\Omega_{\text{He}} \end{aligned} \quad (4.118)$$

となる．${}^3\text{He}$ の運動量に関しては極座標を用いて $d\bm{p}_{\text{He}} = |\bm{p}_{\text{He}}| E_{\text{He}} dE_{\text{He}} d\Omega_{\text{He}}$ としてある．エネルギースペクトルを表す二重微分断面積の表式は結局，

4.4 中間子–原子核束縛状態生成法 2 —欠損質量による分光法—

$$\left(\frac{d^2\sigma}{dE_{\text{He}}d\Omega_{\text{He}}}\right)^{\text{lab}} = \sum_{\text{n}\otimes\pi} \frac{|T(p_d, p_n, p_{\text{He}}, p_\pi)|^2}{2v_{\text{rel}}(2\pi)^2} \frac{M_{\text{He}}M_dM_n|\boldsymbol{p}_{\text{He}}|}{E_\pi E_d E_n} \frac{\Gamma}{2\pi} \frac{1}{\Delta E^2 + \Gamma^2/4}$$
$$\times \left|\int d\boldsymbol{r}\, \chi^*_{\text{He}}(\boldsymbol{r})\phi^*_\pi(\boldsymbol{r})\chi_d(\boldsymbol{r})\psi_n(\boldsymbol{r})\right|^2 \quad (4.119)$$

となる．入射重陽子と標的原子核の間の相対速度 v_{rel} は，標的核が静止した実験室系を考えていることに注意すると，

$$v_{\text{rel}} = \frac{|\boldsymbol{p}_d|}{E_d} \quad (4.120)$$

である．これを用いて，π 中間子束縛状態の生成断面積は

$$\left(\frac{d^2\sigma}{dE_{\text{He}}d\Omega_{\text{He}}}\right)^{\text{lab}} = \sum_{\text{n}\otimes\pi} \frac{|T(p_d, p_n, p_{\text{He}}, p_\pi)|^2 M_{\text{He}}M_dM_n|\boldsymbol{p}_{\text{He}}|}{2(2\pi)^2 E_\pi E_n |\boldsymbol{p}_d|} \frac{\Gamma}{2\pi} \frac{1}{\Delta E^2 + \Gamma^2/4}$$
$$\times \left|\int d\boldsymbol{r}\, \chi^*_{\text{He}}(\boldsymbol{r})\phi^*_\pi(\boldsymbol{r})\chi_d(\boldsymbol{r})\psi_n(\boldsymbol{r})\right|^2 \quad (4.121)$$

と表せることがわかる．

この式を少しよく見てみると，この断面積を理論的に計算するためには，運動学的な諸量に加えて，反応に関与する 4 粒子（入射重陽子，標的核中の中性子，射出 ^{3}He 核，核に束縛された π 中間子）の波動関数と，素過程の π 中間子生成振幅 $T(p_d, p_n, p_{\text{He}}, p_\pi)$ が必要である．このうち，前者の各波動関数に加えて束縛している粒子の束縛エネルギーや幅などは，??節で説明したように計算される．入射重陽子と射出 ^{3}He 核に対する散乱波の波動関数も，アイコナール近似などで比較的容易に評価することができる [53]．一方，素過程 $d+n \to {}^3\text{He}+\pi^-$ 反応の振幅のほうは，π 中間子を生成するような過程での重陽子や ^{3}He 核といった少数系間の遷移を評価する必要があって，中間子原子や中間子原子核の研究とは独立した研究として行われるべき内容を含んでいると言える．例えば，中間子を生成する素過程の反応では，生成される中間子の質量に応じた大きなエネルギーや運動量の移行が必要であり，少数系の波動関数の高運動量（= 短距離）成分の精度が非常に重要になるが，これを理論的に精度よく決めることは簡単なことではない．そこで有効核子数法では，この部分の情報を実験値から得ることによって，平たく言えば「計算の困難を避ける」のと同時に振幅の大きさを「データを使って半定量的に正しく評価する」のである．

さて，式 (4.121) 中の π 中間子生成振幅の二乗 $|T(p_d, p_n, p_{\text{He}}, p_\pi)|^2$ 部分を，素過

程の実験値，つまりは素過程断面積で置き換えるためには，同じ $T(p_d, p_n, p_{\text{He}}, p_\pi)$ を用いた素過程断面積の表式が必要である．これは，4.4.1 項の式 (4.102) の形を使って，

$$\left(\frac{d\sigma}{d\Omega_{\text{He}}}\right)^{\text{lab}}_{\text{ele}} = \frac{|T(p_d, p_n, p_{\text{He}}, p_\pi)|^2 M_d M_n M_{\text{He}}}{2(2\pi)^2 |\boldsymbol{p}_d| E_n} \frac{|\boldsymbol{p}_{\text{He}}|^2}{E_\pi |\boldsymbol{p}_{\text{He}}| + E_{\text{He}}(|\boldsymbol{p}_{\text{He}}| - |\boldsymbol{p}_d|\cos\theta_{d\text{He}})}$$
(4.122)

と書くことができる．この式は式 (4.102) の形と運動学的な因子が少々異なって見えるが，それは式 (4.101) で説明した相対論的な位相体積計算の因子として，π 中間子に対しては $\frac{1}{2E_\pi}$ を採用している点と，初期状態における相対速度が $v_{\text{rel}} = \frac{\lambda(s, m_1^2, m_2^2)}{2E_1 E_2}$ と表せることに注意すれば理解できる．この式を使えば，$|T(p_d, p_n, p_{\text{He}}, p_\pi)|^2$ を素過程断面積 $\left(\frac{d\sigma}{d\Omega_{\text{He}}}\right)^{\text{lab}}_{\text{ele}}$ を用いて書き換えることができて，

$$\left(\frac{d^2\sigma}{dE_{\text{He}} d\Omega_{\text{He}}}\right)^{\text{lab}}_A = \sum_{n\otimes\pi} \left(\frac{d\sigma}{d\Omega_{\text{He}}}\right)^{\text{lab}}_{\text{ele}} \frac{|\boldsymbol{p}^A_{\text{He}}|}{E^A_\pi E^A_n |\boldsymbol{p}^A_d|}$$

$$\times |\boldsymbol{p}_d| E_n \frac{E_\pi |\boldsymbol{p}_{\text{He}}| + E_{\text{He}}(|\boldsymbol{p}_{\text{He}}| - |\boldsymbol{p}_d|\cos\theta_{d\text{He}})}{|\boldsymbol{p}_{\text{He}}|^2}$$

$$\times \frac{\Gamma}{2\pi} \frac{1}{\Delta E^2 + \Gamma^2/4} \left[\left| \int d\boldsymbol{r} \chi^*_{\text{He}}(\boldsymbol{r}) \phi^*_\pi(\boldsymbol{r}) \chi_d(\boldsymbol{r}) \psi_n(\boldsymbol{r}) \right|^2 \right]^{\text{lab}}_A$$

$$= \sum_{n\otimes\pi} \left(\frac{d\sigma}{d\Omega_{\text{He}}}\right)^{\text{lab}}_{\text{ele}} \frac{|\boldsymbol{p}^A_{\text{He}}|}{|\boldsymbol{p}_{\text{He}}|} \frac{E_n E_\pi}{E^A_n E^A_\pi} \left(1 + \frac{E_{\text{He}}}{E_\pi} \frac{|\boldsymbol{p}_{\text{He}}| - |\boldsymbol{p}_d|\cos\theta_{d\text{He}}}{|\boldsymbol{p}_{\text{He}}|}\right)$$

$$\times \frac{\Gamma}{2\pi} \frac{1}{\Delta E^2 + \Gamma^2/4} \left[\left| \int d\boldsymbol{r} \chi^*_{\text{He}}(\boldsymbol{r}) \phi^*_\pi(\boldsymbol{r}) \chi_d(\boldsymbol{r}) \psi_n(\boldsymbol{r}) \right|^2 \right]^{\text{lab}}_A$$
(4.123)

となる．ここで，式 (4.123) は素過程と原子核標的の場合の運動学的諸量 ―エネルギーや運動量― の差を意識して書いてあり，式 (4.121) に含まれていた原子核標的の反応に対する量には添え字 A を付して区別してある．つまり，入射重陽子のエネルギー・運動量を等しくとり，$|\boldsymbol{p}_d| = |\boldsymbol{p}^A_d|$ としても，素過程と原子核標的の場合では，終状態に現れる粒子のエネルギーや運動量は一般に異なっている．これは，異なるエネルギー運動量保存則を満たすのであるから当然である．この運動学的な差によって，中間子生成過程を記述している $T(p_d, p_n, p_{\text{He}}, p_\pi)$ も変更を受けるはずであるが，この点は，有効核子数法では無視することになる．

式 (4.123) に現れる，素過程と原子核標的の場合の運動学的諸量の差異によって生じる補正因子を K として，次のように定義する．

$$K = \left[\frac{|\bm{p}_{\mathrm{He}}^A|}{|\bm{p}_{\mathrm{He}}|} \frac{E_n E_\pi}{E_n^A E_\pi^A} \left(1 + \frac{E_{\mathrm{He}}}{E_\pi} \frac{|\bm{p}_{\mathrm{He}}| - |\bm{p}_d|\cos\theta_{d\mathrm{He}}}{|\bm{p}_{\mathrm{He}}|} \right) \right]^{\mathrm{lab}} \quad (4.124)$$

この補正因子を考慮すれば，式 (4.121) で素過程断面積 (4.122) を因子化した場合に生じる運動学的な差は，断面積の計算に取り入れることができる．K の値は，入射重陽子と射出 ${}^3\mathrm{He}$ 核の間の運動量移行が小さい場合には 1 に近いので，この補正因子を 1 とおいて計算することも多い．

有効核子数 N_{eff} は式 (4.123) の次の部分として定義される．

$$N_{\mathrm{eff}} = \left| \int d\bm{r}\, \chi_{\mathrm{He}}^*(\bm{r}) \phi_\pi^*(\bm{r}) \chi_d(\bm{r}) \psi_n(\bm{r}) \right|^2 \quad (4.125)$$

この有効核子数は，直感的には反応断面積に有効に寄与する核子の個数と考えることができる．例えば，N_{eff} 中の波動関数が完全に一致する極限を考えると，$\chi_{\mathrm{He}}^*(\bm{r})\chi_d(\bm{r}) \to 1$，かつ，$\phi_\pi^*(\bm{r})\psi_n(\bm{r}) \to |\phi_\pi(\bm{r})|^2$ であり，$N_{\mathrm{eff}} \to 1$ となる．さらに運動学的な諸量も等しい $K \to 1$ の極限を考えれば，原子核標的の反応に対する断面積は，素過程断面積に中性子 n と π 中間子の束縛状態の組み合わせの数を乗じた大きさになる．実際には波動関数の形が異なるので，ある n と π の状態の組み合わせに対する N_{eff} の値は 1 よりもずっと小さい．式 (4.124) の補正因子 K と有効核子数 N_{eff} を用いると，式 (4.123) を次のように書き表すことができる．

$$\left(\frac{d^2\sigma}{dE_{\mathrm{He}} d\Omega_{\mathrm{He}}} \right)_A^{\mathrm{lab}} = \left(\frac{d\sigma}{d\Omega_{\mathrm{He}}} \right)_{\mathrm{ele}}^{\mathrm{lab}} \sum_{n \otimes \pi} K \frac{\Gamma}{2\pi} \frac{1}{\Delta E^2 + \Gamma^2/4} N_{\mathrm{eff}} \quad (4.126)$$

この式が，有効核子数法によって計算される π 中間子原子生成断面積の表式である．

ここで，スペクトラムの形の入射エネルギー依存性と，いわゆるマッチングコンディションについて説明しておこう．まず，π 中間子原子を生成する $(d, {}^3\mathrm{He})$ 反応における運動量移行から考えてみる．この反応では，入射重陽子 d の運動エネルギーを消費することにより π 中間子を生成する．中性子を 1 つ標的から取り除いたり，生成された π 中間子が原子核に束縛されたりするが，この「π 中間子の生成」に最も多くのエネルギーを費やす．それゆえ，重い標的核を考

えて反跳のエネルギーを無視すれば，おおよそ m_π だけ少ない運動エネルギーを持った ^{3}He が終状態で射出される．この重陽子 d と ^{3}He の運動量の差が運動量移行 q である．この q は，式 (4.125) 中の散乱波 $\chi^*_{\text{He}}(r)$ と $\chi_d(r)$ を平面波と考えれば，$\chi^*_{\text{He}}(r)\chi_d(r) = \exp(iq \cdot r)$ となることより明らかなように，有効核子数 N_{eff} の計算の中に当然現れる．この q がスペクトラムの形に大きな影響を及ぼすのだ．まず図 4.15 に運動量移行 q の大きさを入射粒子の 1 核子あたりの運動エネルギーの関数として示した．図中の Q は，反応の過程で標的原子核の系に対してどれくらいのエネルギーの受け渡しがあったかを表す量で，反応の Q 値と呼ばれるものである．π 中間子原子生成反応を考えているため，ここでは Q 値の絶対値が，π 中間子の質量に近い値になっている．

この図を見ると，運動量移行 q の大きさはエネルギーとともに変化し，ある入射エネルギーにおいては 0 になることがわかる．この場合，運動量移行が無いので無反跳 (recoilless) な反応と呼ばれる．また，標的原子核の半径を R としたとき，この運動量移行 q を使って書かれる条件式

$$\Delta J = R \times |q| \tag{4.127}$$

を，マッチングコンディションと呼ぶ．ここで，ΔJ は，(n,d) や $(d,{}^3\text{He})$ 反応における，標的核の系に対する角運動量移行を表す．例えば，標的核中の $p_{3/2}$

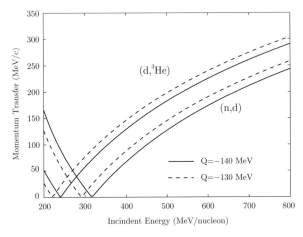

図 4.15 反応の Q 値を -130 および $-140\,[\text{MeV}]$ としたときの，(n,d) および $(d,{}^3\text{He})$ 反応における運動量移行を，1 核子あたりの入射エネルギーの関数として図示してある．文献 [1] より．

状態の中性子を取り除き π 中間子原子の $1s$ 状態を生成した場合には，角運動量の移行は $\Delta J = \frac{3}{2}$ である．この場合は，仮に核半径を $R = 5$ fm とすると，運動量移行の大きさが $|\boldsymbol{q}| = \frac{\Delta J}{R} = \frac{1.5}{5} \text{fm}^{-1} \sim 60\,[\text{MeV}/c]$ 程度の場合にマッチングコンディションが満たされることになる．そして，この条件を満たす量子力学的な状態が比較的高い確率で生成されて大きな断面積となることが知られている．さらにマッチングコンディションを満たす場合の中でも特別に無反跳反応 $|\boldsymbol{q}| = 0$ における $\Delta J \approx 0$ の場合に最大の断面積が得られる傾向があることが知られている．実際に深く束縛された π 中間子原子が観測された実験も無反跳に近い条件で行われている．マッチングコンディションの関係式は実に古典的なものであり，もちろん量子力学の計算において厳密に満たされるものではないが，高い確率で生成される状態を判断するための便利な目安を与える．

マッチングコンディションの有用性を示す例として，図 4.16 に，^{208}Pb を標的とした (n,d) 反応による π 中間子原子生成スペクトラムの計算結果を示した．左側の図は $T_n = 350\,[\text{MeV}]$ の場合で図 4.15 より，運動量移行 $|\boldsymbol{q}| = 40 \sim 50\,[\text{MeV}/c]$ の場合に対応し，右側の図は $T_n = 600\,[\text{MeV}]$ の場合で $|\boldsymbol{q}| = 170 \sim 180\,[\text{MeV}/c]$ である．また，標的核 ^{208}Pb は大きな核で，$R = 6 \sim 7$ fm である．これらの数字をマッチングコンディションに当てはめると，$T_n = 350\,[\text{MeV}]$ においては $\Delta J = 1 \sim 2$，$T_n = 600\,[\text{MeV}]$ においては $\Delta J = 5 \sim 6$ の角運動量移行を伴う状態が比較的大きく生成されることが期待される．図 4.16 を見てみると，$T_n = 350\,[\text{MeV}]$ の左図では，$j_n = p_{1/2}$ 状態の中性子と p 状態の π 中間子の組み合わせの場合に最も大きな断面積になっていることがわかる．この組み合わせで許される角運動量移行の大きさは $\Delta J = \frac{1}{2}$ と $\frac{3}{2}$ である．また $T_n = 600\,[\text{MeV}]$ の右図の場合は，$j_n = i_{13/2}$ 状態の中性子と s, p, d 状態の π 中間子の組み合わせで断面積が大きい．このときは $\Delta J = \frac{13}{2}, \frac{13}{2} \pm 1, \frac{13}{2} \pm 2$ の角運動量移行が許される．いかがであろうか？複雑な量子力学的な計算の結果得られたスペクトラムの傾向を，古典的なマッチングコンディションが正しく表していることがわかるであろう．このことは，有効核子数 N_{eff} の大きさの $|\boldsymbol{q}|$ 依存性を見るとより一層はっきりする．詳しい計算結果は文献 [1,55] に図示されている．

この式 (4.127) のマッチングコンディションのような古典的な関係式が，量子力学で成立することを数式上で示すためには，いくらか式変形が必要である．簡単に概要を説明すると，N_{eff} の表式 (4.125) 中で散乱波 $\chi^*_{\text{He}}(\boldsymbol{r})\chi_d(\boldsymbol{r})$ を部分

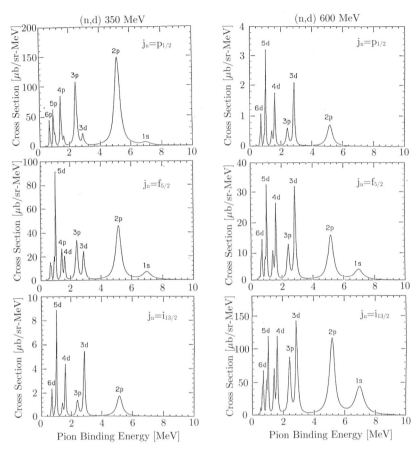

図 4.16 ^{208}Pb(n,d) 反応における π 中間子原子生成断面積の計算結果. 入射中性子のエネルギーは（左図）$T_n=350$ [MeV]（右図）600 [MeV] である. 考えてる中性子の状態 $j_n=p_{1/2}$, $f_{5/2}$, $i_{13/2}$ ごとに計算されたスペクトラムを上から順に図示してある. 各ピーク構造に対応する生成された π 中間子原子の状態も図中に示されている. 文献 [1] より.

波展開して角度部分の積分を実行すると，積分に寄与する散乱波の角運動量（ℓ としよう）が決まる．この散乱波の角運動量が，原子核に対する角運動量移行 ΔJ に対応する．そして，その角運動量 ℓ に対応する散乱波の動径波動関数は平面波の場合は球面ベッセル関数 $j_\ell(|q|r)$ である．球面ベッセル関数が ℓ が大きいほど $|q|r=0$ 近傍でゆっくり増加して $|q|r\sim \ell$ 付近から比較的大きな値を持つことと，原子核表面付近 $(r \sim R)$ で π 中間子を生成する過程が断面積に大

きく寄与することから[13]，古典的なマッチングコンディションの条件が理解されるのである．

さて，次にπ中間子が核外に飛び出す場合を考えよう．欠損質量法によるπ中間子–原子核束縛系の観測を考える場合には，$(d, {}^3\text{He})$においては射出${}^3\text{He}$の二重微分断面積をエネルギーの関数として考えその構造に注目する．このとき，${}^3\text{He}$のエネルギーが変化すると，これに対応してπ中間子と終状態の原子核の系が持つ全エネルギーが変化して，束縛状態に対応するところで共鳴を起こして断面積にピークが現れることになる．それならば，さらに${}^3\text{He}$のエネルギーを変化させて，π中間子と終状態の原子核の持つエネルギーが，π中間子の質量と原子核の基底状態の質量の和よりも大きい領域に到達した場合にどのような現象が起こるであろうか？この領域で可能なπ中間子–原子核系の状態は2種類考えられる．まず，原子核が励起状態になっていて基底状態よりも大きい質量を持つ場合には，このエネルギー領域でも励起した原子核とπ中間子の束縛状態が存在することがある．これは，標的原子核中の深い束縛準位から中性子を取り除いて，${}^3\text{He}$を生成する場合に生じる現象であり，対応するエネルギーのところで断面積にピークを生じる．もう1つは，π中間子が原子核に束縛されずに，散乱状態として飛び去る過程である．この場合は，π中間子–原子核系の持つエネルギーは連続的に変化するために断面積にピーク構造は生じず，π中間子–原子核系のエネルギーが増加するのに従って断面積も徐々に増加していく傾向を持つ．これは運動学的な理由[14]によるものである．この傾向は，4.4.2項の図4.13にも現れていて，励起エネルギーの大きい領域の断面積が緩やかに増加していく傾向が見えている．このような過程を準弾性π中間子生成と呼ぶ．また，π中間子–原子核系のエネルギーが，この2粒子の重心系においてπ中間子の質量と原子核の基底状態の質量の和に等しい場合，このエネルギーをπ中間子生成のしきい値と呼ぶ．しきい値は，π中間子生成が可能になる入射エネルギーを指す場合も，ある入射エネルギーに対する射出${}^3\text{He}$核のエネルギーを指す場合もある．「自由なπ中間子を生成するのに必要な最低のエネルギー」を，系に与えられるかどうかの境目を意味していると言える．

図4.13の実験データを理解するためには，準弾性π中間子生成過程の理論的な記述も必要である．ここでも文献[36]を基に，束縛状態生成断面積の評価に用いた有効核子数法を準弾性π中間子生成過程にも拡張しておこう．束縛状態

[13) 原子核による吸収効果のため．
[14) 終状態の粒子が使用可能な位相空間の体積が増加するため．

生成の場合と同様に，$(d,^3\text{He})$ による準弾性 π 中間子生成断面積は実験室系で次のように書ける．

$$d\sigma = \sum_\text{n} \frac{V^2}{v_\text{rel}} \frac{1}{VT} |S_{fi}|^2 \frac{V}{(2\pi)^3} d\boldsymbol{p}_\text{He} \frac{V}{(2\pi)^3} d\boldsymbol{p}_\pi \quad (4.128)$$

π 中間子束縛状態生成との違いは，終状態の π 中間子の射出運動量 $\boldsymbol{p}_\pi$ に関する積分が加わり，代わりに，離散的な状態の和は中性子の状態に関してのみ実行することである．ここで，S 行列は，

$$\begin{aligned} S_{fi} = & \int dt d\boldsymbol{r} \sqrt{\frac{M_\text{He}}{E_\text{He}}} \frac{1}{\sqrt{V}} e^{iE_\text{He}t} \chi^*_\text{He}(\boldsymbol{r}) \sqrt{\frac{1}{2E_\pi}} \frac{1}{\sqrt{V}} e^{iE_\pi t} \chi^*_\pi(\boldsymbol{r}) \\ & \times iT(p_d, p_n, p_\text{He}, p_\pi) \\ & \times \sqrt{\frac{M_d}{E_d}} \frac{1}{\sqrt{V}} e^{-iE_d t} \chi_d(\boldsymbol{r}) \sqrt{\frac{M_n}{E_n}} e^{-iE_n t} \psi_n(\boldsymbol{r}) \quad (4.129) \end{aligned}$$

である．π 中間子の波動関数が散乱波 $\chi_\pi(\boldsymbol{r})$ に変わっていることに注意する．

時間 t に関する積分を実行して，式 (4.129) を以前同様に書き直せば，

$$\begin{aligned} S_{fi} = & iT(p_d, p_n, p_\text{He}, p_\pi) \sqrt{\frac{M_\text{He} M_d M_n}{2E_\text{He} E_\pi E_d E_n}} \frac{1}{\sqrt{V^3}} \int dt e^{i(E_\text{He}+E_\pi-E_d-E_n)t} \\ & \times \int d\boldsymbol{r} \chi^*_\text{He}(\boldsymbol{r}) \chi^*_\pi(\boldsymbol{r}) \chi_d(\boldsymbol{r}) \psi_n(\boldsymbol{r}) \\ = & iT(p_d, p_n, p_\text{He}, p_\pi) \sqrt{\frac{M_\text{He} M_d M_n}{2E_\text{He} E_\pi E_d E_n}} \frac{1}{\sqrt{V^3}} (2\pi) \delta(\Delta E) \\ & \times \int d\boldsymbol{r} \chi^*_\text{He}(\boldsymbol{r}) \chi^*_\pi(\boldsymbol{r}) \chi_d(\boldsymbol{r}) \psi_n(\boldsymbol{r}) \quad (4.130) \end{aligned}$$

となる．ここで，エネルギー保存を意味する δ 関数中のエネルギー差 ΔE は，$\Delta E = E_\text{He} + E_\pi - E_d - E_n$ で定義されている．初期状態の中性子のエネルギー E_n には，中性子の束縛エネルギーが含まれているので，中性子の準位ごとに値が異なることを思い出しておこう．これより，S 行列の二乗 $|S_{fi}|^2$ は，

$$\begin{aligned} |S_{fi}|^2 = & \frac{|T(p_d, p_n, p_\text{He}, p_\pi)|^2 M_\text{He} M_d M_n}{2E_\text{He} E_\pi E_d E_n} \frac{(2\pi)^2}{V^3} (\delta(\Delta E))^2 \\ & \times \left| \int d\boldsymbol{r} \chi^*_\text{He}(\boldsymbol{r}) \chi^*_\pi(\boldsymbol{r}) \chi_d(\boldsymbol{r}) \psi_n(\boldsymbol{r}) \right|^2 \end{aligned}$$

4.4 中間子-原子核束縛状態生成法 2 —欠損質量による分光法—

$$= \frac{|T(p_d, p_n, p_{\text{He}}, p_\pi)|^2 M_{\text{He}} M_d M_n}{2 E_{\text{He}} E_\pi E_d E_n} \frac{2\pi T}{V^3} \delta(\Delta E)$$
$$\times \left| \int d\bm{r} \chi^*_{\text{He}}(\bm{r}) \chi^*_\pi(\bm{r}) \chi_d(\bm{r}) \psi_n(\bm{r}) \right|^2 \quad (4.131)$$

と書ける．δ関数の二乗の取り扱いは式 (4.117) と同じである．この $|S_{fi}|^2$ を用いて式 (4.128) の断面積 $d\sigma$ は，

$$d\sigma = \sum_n \frac{2\pi}{v_{\text{rel}}} \frac{|T(p_d, p_n, p_{\text{He}}, p_\pi)|^2 M_{\text{He}} M_d M_n}{2 E_{\text{He}} E_\pi E_d E_n} \delta(\Delta E)$$
$$\times \left| \int d\bm{r} \chi^*_{\text{He}}(\bm{r}) \chi^*_\pi(\bm{r}) \chi_d(\bm{r}) \psi_n(\bm{r}) \right|^2 \frac{d\bm{p}_{\text{He}}}{(2\pi)^3} \frac{d\bm{p}_\pi}{(2\pi)^3} \quad (4.132)$$

となる．初期状態の相対速度式 (4.120) を用いて，結局，断面積は，

$$d\sigma = \sum_n \frac{|T(p_d, p_n, p_{\text{He}}, p_\pi)|^2 M_{\text{He}} M_d M_n}{2(2\pi)^5 E_{\text{He}} E_\pi E_n |\bm{p}_d|} \delta(\Delta E) \left| \int d\bm{r} \chi^*_{\text{He}}(\bm{r}) \chi^*_\pi(\bm{r}) \chi_d(\bm{r}) \psi_n(\bm{r}) \right|^2$$
$$\times d\bm{p}_{\text{He}} d\bm{p}_\pi$$
$$= \sum_n \frac{|T(p_d, p_n, p_{\text{He}}, p_\pi)|^2 M_{\text{He}} M_d M_n}{2(2\pi)^5 E_{\text{He}} E_\pi E_n |\bm{p}_d|} \delta(\Delta E) \left| \int d\bm{r} \chi^*_{\text{He}}(\bm{r}) \chi^*_\pi(\bm{r}) \chi_d(\bm{r}) \psi_n(\bm{r}) \right|^2$$
$$\times |\bm{p}_{\text{He}}| E_{\text{He}} dE_{\text{He}} d\Omega_{\text{He}} |\bm{p}_\pi| E_\pi dE_\pi d\Omega_\pi$$
$$= \sum_n \frac{|T(p_d, p_n, p_{\text{He}}, p_\pi)|^2 M_{\text{He}} M_d M_n}{2(2\pi)^5 E_n |\bm{p}_d|} \left| \int d\bm{r} \chi^*_{\text{He}}(\bm{r}) \chi^*_\pi(\bm{r}) \chi_d(\bm{r}) \psi_n(\bm{r}) \right|^2$$
$$\times |\bm{p}_{\text{He}}||\bm{p}_\pi| dE_{\text{He}} d\Omega_{\text{He}} d\Omega_\pi \quad (4.133)$$

と表すことができる．

式 (4.133) の中で波動関数を含む積分の部分を少し詳しく見ておこう．I を以下のように定義して，

$$I = \int d\Omega_\pi \left| \int d\bm{r} \chi^*_{\text{He}}(\bm{r}) \chi^*_\pi(\bm{r}) \chi_d(\bm{r}) \psi_n(\bm{r}) \right|^2 \quad (4.134)$$

さらに，π 中間子の散乱波を部分波展開する．

$$\chi_\pi(\bm{r}) = 4\pi \sum_{\ell_\pi=0}^{\infty} \sum_{m_\pi} i^{\ell_\pi} R_{\ell_\pi}(p_\pi r) Y_{\ell_\pi}^{m_\pi *}(\hat{\bm{p}}_\pi) Y_{\ell_\pi}^{m_\pi}(\hat{\bm{r}}) \quad (4.135)$$

ここで，部分波展開で現れる $Y_{\ell_\pi}^{m_\pi}$ は球面調和関数を表す．$R_{\ell_\pi}(p_\pi r)$ として現実的な動径波動関数を用いれば，一般的な π 中間子の歪曲波を用いた計算になる．以下の計算を見やすくするために π 中間子以外の粒子の波動関数の積を $f(\boldsymbol{r})$ とおいて，

$$f(\boldsymbol{r}) = \chi_{\mathrm{He}}^*(\boldsymbol{r})\chi_d(\boldsymbol{r})\psi_n(\boldsymbol{r}), \tag{4.136}$$

とすると，式 (4.134) の I を次のように書き直すことができる．

$$\begin{aligned} I &= \int d\Omega_\pi \left| \int d\boldsymbol{r} f(\boldsymbol{r}) \, 4\pi \sum_{\ell_\pi m_\pi} (-i)^{\ell_\pi} R_{\ell_\pi}^*(p_\pi r) Y_{\ell_\pi}^{m_\pi}(\hat{\boldsymbol{p}_\pi}) Y_{\ell_\pi}^{m_\pi *}(\hat{\boldsymbol{r}}) \right|^2 \\ &= (4\pi)^2 \int d\boldsymbol{r} d\boldsymbol{r}' f(\boldsymbol{r}) f^*(\boldsymbol{r}') \sum_{\ell_\pi m_\pi} \sum_{\ell'_\pi m'_\pi} (-i)^{\ell_\pi} i^{\ell'_\pi} R_{\ell_\pi}^*(p_\pi r) R_{\ell'_\pi}(p_\pi r') \\ &\quad \times Y_{\ell_\pi}^{m_\pi *}(\hat{\boldsymbol{r}}) Y_{\ell'_\pi}^{m'_\pi}(\hat{\boldsymbol{r}}') \int d\Omega_\pi Y_{\ell_\pi}^{m_\pi}(\hat{\boldsymbol{p}_\pi}) Y_{\ell'_\pi}^{m'_\pi *}(\hat{\boldsymbol{p}_\pi}) \\ &= (4\pi)^2 \int d\boldsymbol{r} d\boldsymbol{r}' f(\boldsymbol{r}) f^*(\boldsymbol{r}') \sum_{\ell_\pi m_\pi} \sum_{\ell'_\pi m'_\pi} (-i)^{\ell_\pi} i^{\ell'_\pi} R_{\ell_\pi}^*(p_\pi r) R_{\ell'_\pi}(p_\pi r') \\ &\quad \times Y_{\ell_\pi}^{m_\pi *}(\hat{\boldsymbol{r}}) Y_{\ell'_\pi}^{m'_\pi}(\hat{\boldsymbol{r}}') \delta_{\ell_\pi \ell'_\pi} \delta_{m_\pi m'_\pi} \\ &= (4\pi)^2 \int d\boldsymbol{r} d\boldsymbol{r}' f(\boldsymbol{r}) f^*(\boldsymbol{r}') \sum_{\ell_\pi m_\pi} R_{\ell_\pi}^*(p_\pi r) R_{\ell_\pi}(p_\pi r') Y_{\ell_\pi}^{m_\pi *}(\hat{\boldsymbol{r}}) Y_{\ell_\pi}^{m_\pi}(\hat{\boldsymbol{r}}') \\ &= (4\pi)^2 \sum_{\ell_\pi m_\pi} \left| \int d\boldsymbol{r} \chi_{\mathrm{He}}^*(\boldsymbol{r}) \chi_d(\boldsymbol{r}) \psi_n(\boldsymbol{r}) \phi_\pi^*(\boldsymbol{r}) \right|^2 \tag{4.137} \end{aligned}$$

ここで，π の散乱波で軌道角運動量の固有値 ℓ_π と m_π を持つ状態を，$\phi_\pi(\boldsymbol{r}) = R_{\ell_\pi}(p_\pi r) Y_{\ell_\pi}^{m_\pi}(\hat{\boldsymbol{r}})$ と書いている．本書の計算ではこの π 中間子の波動関数として，平面波ではなくて，光学ポテンシャルを含んだクライン–ゴルドン方程式を散乱状態の境界条件で解いた現実的な歪曲波を用いている．

これより，式 (4.133) の断面積 $d\sigma$ は，

$$\begin{aligned} d\sigma &= \sum_{\mathrm{n}} \frac{|T(p_d, p_n, p_{\mathrm{He}}, p_\pi)|^2 M_{\mathrm{He}} M_d M_n |\boldsymbol{p}_{\mathrm{He}}||\boldsymbol{p}_\pi|}{4\pi^3 E_n |\boldsymbol{p}_d|} \\ &\quad \times \sum_{\ell_\pi m_\pi} \left| \int d\boldsymbol{r} \chi_{\mathrm{He}}^*(\boldsymbol{r}) \phi_\pi^*(\boldsymbol{r}) \chi_d(\boldsymbol{r}) \psi_n(\boldsymbol{r}) \right|^2 dE_{\mathrm{He}} d\Omega_{\mathrm{He}} \tag{4.138} \end{aligned}$$

となり，準弾性 π 中間子生成過程の，実験室系における二重微分断面積は次式のように表される．

$$\left(\frac{d^2\sigma}{dE_{\text{He}}d\Omega_{\text{He}}}\right)^{\text{lab}} = \sum_{\text{n}} \frac{|T(p_d, p_n, p_{\text{He}}, p_\pi)|^2 M_{\text{He}} M_d M_n |\boldsymbol{p}_{\text{He}}||\boldsymbol{p}_\pi|}{4\pi^3 E_n |\boldsymbol{p}_d|}$$
$$\times \sum_{\ell_\pi m_\pi} \left|\int d\boldsymbol{r}\, \chi^*_{\text{He}}(\boldsymbol{r}) \phi^*_\pi(\boldsymbol{r}) \chi_d(\boldsymbol{r}) \psi_n(\boldsymbol{r})\right|^2 \quad (4.139)$$

さらに実験室系での素過程断面積の形式 (4.122) を用いれば,

$$\left(\frac{d^2\sigma}{dE_{\text{He}}d\Omega_{\text{He}}}\right)^{\text{lab}}_A = \sum_{\text{n}} \left(\frac{d\sigma}{d\Omega_{\text{He}}}\right)^{\text{lab}}_{\text{ele}} \frac{2|\boldsymbol{p}^A_\pi| E^A_\pi}{\pi} \frac{|\boldsymbol{p}^A_{\text{He}}| E_n E_\pi}{|\boldsymbol{p}_{\text{He}}| E^A_n E^A_\pi}$$
$$\times \left(1 + \frac{E_{\text{He}}}{E_\pi} \frac{|\boldsymbol{p}_{\text{He}}| - |\boldsymbol{p}_d|\cos\theta_{d\text{He}}}{|\boldsymbol{p}_{\text{He}}|}\right)$$
$$\times \left[\sum_{\ell_\pi m_\pi} \left|\int d\boldsymbol{r}\, \chi^*_{\text{He}}(\boldsymbol{r}) \phi^*_\pi(\boldsymbol{r}) \chi_d(\boldsymbol{r}) \psi_n(\boldsymbol{r})\right|^2\right]^{\text{lab}}_A \quad (4.140)$$

と書き直すことができる．ここで添え字 'A' の意味は束縛状態生成の定式化の場合と同じで，原子核標的の場合の運動学的諸量であることを意味している．また，式 (4.140) を計算する際に，$|\boldsymbol{p}_d| = |\boldsymbol{p}^A_d|$ であることを用いている．最終的に式 (4.140) は,

$$\left(\frac{d^2\sigma}{dE_{\text{He}}d\Omega_{\text{He}}}\right)^{\text{lab}}_A = \left(\frac{d\sigma}{d\Omega_{\text{He}}}\right)^{\text{lab}}_{\text{ele}} \sum_{\text{spin}} \frac{2|\boldsymbol{p}^A_\pi| E^A_\pi}{\pi} K N_{\text{eff}}, \quad (4.141)$$

と書くことができる．運動学的補正因子 K と有効核子数 N_{eff} は，束縛状態生成断面積定式化の際に定義された式 (4.124)，および，式 (4.125) と形式的には同じ形であるが，π 中間子に関する量や波動関数は散乱状態のものである点に注意が必要である．

4.4.4 欠損質量分光法に関する補足

最後に，ハドロン反応による欠損質量法での中間子–原子核束縛系の生成に関して，やや進んだ内容をいくつか補足しておこう．

まず，有効核子数法による断面積の計算で，定量的な結果を得るために次の 2 つの効果に対する補正が必要になる場合がある．1 つは歪曲波の効果である．これは，入射粒子と射出粒子が，中間子生成過程の前後で原子核との相互作用によって平面波から歪むことによる効果である．これを厳密に取り扱うためには，これらの粒子と原子核との相互作用を含んだ運動方程式を解いて散乱波を求め，

その波動関数を有効核子数を計算するために使用すればよい．ただし，中間子束縛系を生成する反応では，中間子を生成するために必要な大きな入射エネルギーを考えるケースが多いため，高いエネルギーに対して有効なアイコナール近似を用いて歪曲波の効果を評価する場合が多い．これは，例えば $(d,{}^3\text{He})$ 反応の場合には，入射粒子の重陽子 d と射出粒子の ${}^3\text{He}$ の散乱波に対して次の置き換えをすることに対応する．

$$\chi^*_{\text{He}}(\boldsymbol{r})\chi_d(\boldsymbol{r}) \to e^{i\boldsymbol{q}\cdot\boldsymbol{r}} D(\boldsymbol{b},z) \tag{4.142}$$

ここで $D(\boldsymbol{b},z)$ は歪曲波因子と呼ばれ，平面波との違いを表す因子である [53]．注意しないといけないのは，アイコナール近似は高いエネルギーにおいて良い近似であるため，しきい値を少し超えたエネルギーで射出される運動エネルギーの小さい中間子に関しては，この近似は適用できない．例えば式 (4.140) 中の π 中間子の波動関数 $\phi^*_\pi(\boldsymbol{r})$ は，原子核に対して小さい運動エネルギーを持った π 中間子の散乱波であり，光学ポテンシャルを含んだクライン–ゴルドン方程式を厳密に解いた波動関数を用いる．歪曲波の効果は，核子との相互作用が強い入射/射出粒子を用いる $(d,{}^3\text{He})$ のような反応では特に重要である．

次の補正は重心運動に対する補正である．この補正は，中間子に比べて質量があまり大きくない ${}^3\text{He}$ などの軽い原子核を標的に用いた反応を考える際に特に重要である．文献 [57] に示された手法に基づいて，我々はこの重心運動の補正を，入射/射出粒子の波動関数中の位置ベクトル $\boldsymbol{r}$ に対して以下のスケール変換を施すことによって取り入れる．

$$\boldsymbol{r} \to \frac{M_\text{A}}{m + M_\text{A}}\boldsymbol{r} \tag{4.143}$$

例えば $(d,{}^3\text{He})$ 反応では，$\chi^*_{\text{He}}(\boldsymbol{r})\chi_d(\boldsymbol{r})$ の波動関数中の位置ベクトルに対して式 (4.143) の座標変換をする．ここで，m は中間子の質量，M_A は，中間子が束縛される終状態の原子核の質量である．

有効核子数法の適用限界に関しても補足しておこう．有効核子数法は便利な中間子–原子核束縛系の生成断面積計算方法であるが，実際のハドロン反応に適用するためには，いくつか満足することが望ましい条件がある．これらの条件から大きくはずれたハドロン反応に有効核子数法を適用した場合には，計算結果の確かさに関しては十分注意することが必要である．まず 1 つ目の条件は，終状態の中間子–原子核束縛状態が十分に離散的で独立したピーク構造をスペク

4.4 中間子–原子核束縛状態生成法 2 —欠損質量による分光法—

トラムに形成することである．十分に離散的でない場合，すなわち束縛状態の寿命が短すぎて準位幅が大きくなり隣の準位と重なっているような場合は注意が必要である．このような状況は，原子核による中間子の吸収効果が中間子原子よりも強い中間子原子核 —強い相互作用で中間子が原子核の内側に束縛された状態— の場合に多く見られる．有効核子数法では離散的な束縛状態それぞれに関して有効核子数を計算し，すべての束縛状態からの寄与を足し上げている．隣同士の準位が重なっている場合には，この「離散的な状態からの独立な寄与の足し上げ操作」が怪しくなってくる．この点を改善するためには，グリーン関数法 [58] を持ちいればよいことが知られている．グリーン関数法の要諦は，終状態の束縛状態を直接観測しない欠損質量法に必要な包含反応の断面積を計算する際に，離散的な状態の存在を仮定しないで，終状態の波動関数の完全性を利用してすべての状態を足し上げることである．本書ではこの方法の説明は省くが，有効核子数法とグリーン関数法の計算結果の比較は 5.2 節で K 中間子束縛状態の説明の際に紹介する．

2 つ目の条件は，中間子–原子核束縛系の生成断面積の表式から，素過程断面積に対応する部分を分離して素過程断面積の因子化を行い，この部分に素過程の実験値を用いることが良い近似であることである．4.4.3 項で運動学的補正因子を導入したが，これは，中間子束縛状態を生成する原子核標的の反応の場合と素過程の場合で運動学な条件が異なる点を補正することが目的であった．この，原子核標的と素過程の運動学の差異は，中間子を生成する遷移振幅，例えば式 (4.114) の $T(p_d, p_n, p_{\text{He}}, p_\pi)$，にも影響を与えるはずである．つまり，束縛状態を生成する反応では，素過程の観測では実現不可能なエネルギーや運動量の値に対して中間子生成振幅が必要なのである．これは運動学的補正因子で単純に補正できるものではなくて，微視的な遷移振幅の理解が必要であり一般には難しい．したがって，有効核子数法にしろグリーン関数法にしろ，この素過程断面積の因子化と実験値の利用が良い近似であることが必要である．そのためには素過程と原子核標的の反応の運動学的な状況ができるだけ近い場合を考えることが望ましい．これは，無反跳反応の場合で，かつ，中間子の束縛エネルギーが小さい場合に対応する．したがって，一般的に，運動量移行が大きい場合や，中間子–原子核の束縛エネルギーが大きい場合には，素過程断面積を因子化して実験値に置き換える際には注意が必要である．

第 5 章 中間子–原子核束縛系 —最新の研究から—

　この章では，中間子–原子核束縛系を中心とした，原子核中における中間子の性質に関する最近の研究を紹介したい．中間子–原子核束縛系の研究は，4.3 節で紹介した X 線分光法により得られたデータを基に，古くから行われてきた．しかし，いわゆる最終軌道よりも深く束縛された状態のデータは得られておらず，そのような深い状態の存在自体も期待されていなかった．この点に関して当時の常識を覆したのが，筆者らによる深く束縛された π 中間子原子の研究であった [1, 45, 49]．深い状態の存在を実証するために筆者らが提唱した，ハドロン–原子核反応による欠損質量法を用いた中間子–原子核束縛系の生成/観測法 [53, 55] は，4.4 節で説明したように X 線分光法に比べて汎用性が高く，電気的に中性な中間子の束縛状態に対しても応用可能である．つまり，中間子–原子核系に対して欠損質量法を用いることにより，深く束縛された中間子原子状態と原子核内部に束縛された中間子原子核状態の両方の研究を進めることが可能である．この方法の有効性が π 中間子原子の研究で示されたのを契機に，中間子–原子核束縛系の研究は π 中間子以外の中間子 K^-, η, $\eta(959)$ などに展開していった．これらの話題を紹介する．また，本書では詳しく説明しないが，束縛系以外にも 4.4.2 項で紹介した不変質量法を用いた原子核中におけるベクトル中間子の研究 [15, 16] なども現在進められている．

5.1　深く束縛された π 中間子原子

　本節では，伝統的な X 線分光法では研究することが叶わなかった，深く束縛された π 中間子原子の研究に関して紹介しよう．π 中間子原子の研究は古くから X 線分光法のデータを基に行われており，1980 年代中盤までに 4.3 節の図 4.12 で示されたようなデータが蓄積されていた．また，文献 [59] に始まるよう

な，理論的な中間子–原子核相互作用の研究も発展してきていた．しかしながら，X 線分光法によって得られていた情報は，原子核から大きく離れた束縛状態のものに限られていた．この様子を理解するために，図 5.1 に π 中間子原子 $1s$ 状態の平均二乗半径と原子核の半径を，原子核の質量数 A の関数として示してある．この図を見ると，$1s$ 軌道に関する X 線分光法の実験データが存在する質量数 $A \leq 30$ 程度の核では，π 中間子原子の平均二乗半径は $25 \sim 30$ [fm] 程度であり，原子核半径の 10 倍程度の大きさである．当然であるが，光学ポテンシャルによるエネルギーのシフトは深い状態のほうが大きいから，強い相互作用の情報を得やすくてより興味深いのは，深い状態のほうであると期待される．図 5.1 を見ると，やはり，強い相互作用の効果をつぶさに観察するためには，$A \geq 100$ の核における π 中間子の $1s$ 状態などが見たいところであった．

昭和から平成にかけて出版された論文 [45, 49] で，X 線分光法では観測されていない深く束縛された π 中間子原子状態が，理論的な計算では準安定な状態として存在することが示された．その様子を示しているのが，4.2.4 項で示されたエネルギー準位の図 4.5 と，π 中間子–^{207}Pb 原子核間のポテンシャルと π 中

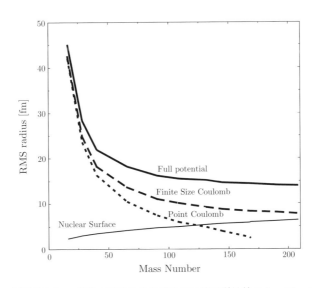

図 5.1 π 中間子原子 $1s$ 状態の平均二乗半径を原子核の質量数 (Mass Number) の関数として図示してある [1]．図中に示されているように，点電荷クーロン相互作用で計算した場合，有限の大きさを持った電荷によるクーロン相互作用の場合，強い相互作用も含めた全ポテンシャルを用いて計算した場合が比較してある．原子核の半径も細い実線で示してある．

間子束縛状態の密度分布を描いた図 5.2 である[1]．図 4.5 や図 5.2 は，文献 [60] で得られた現実的な光学ポテンシャル V_opt を用いた計算結果に基づいて描かれている．このポテンシャルは，S 波項と呼ばれる部分 V_S と P 波項と呼ばれる部分 V_P からなり次のように書かれる．

$$V_\mathrm{opt}(r) = V_\mathrm{S}(r) + V_\mathrm{P}(r) \tag{5.1}$$

$$V_\mathrm{S}(r) = -\frac{2\pi}{\mu}[b(r) + \varepsilon_2 B_0 \rho^2(r)] \tag{5.2}$$

$$V_\mathrm{P}(r) = \frac{2\pi}{\mu}\vec{\nabla}\cdot[c(r) + \varepsilon_2^{-1}C_0\rho^2(r)]L(r)\vec{\nabla} \tag{5.3}$$

ここで，$b(r)$，$c(r)$，$L(r)$ はそれぞれ

$$b(r) = \varepsilon_1\{b_0\rho(r) + b_1[\rho_n(r) - \rho_p(r)]\} \tag{5.4}$$

$$c(r) = \varepsilon_1^{-1}\{c_0\rho(r) + c_1[\rho_n(r) - \rho_p(r)]\} \tag{5.5}$$

$$L(r) = \frac{1}{1 + \frac{4}{3}\pi\lambda[c(r) + \varepsilon_2^{-1}C_0\rho^2(r)]} \tag{5.6}$$

と書かれる．ポテンシャルの S 波項と P 波項は，また，局所的なポテンシャルと非局所的なポテンシャルと分類されることもある．λ はローレンツ–ローレンツ–エリクソン–エリクソン (Lorentz-Lorenz-Ericson-Ericson) 補正パラメータと呼ばれ，ポテンシャル中のパラメータ b と c で表されている項は，それぞれ π 中間子と核子の S 波相互作用と P 波相互作用から生じている．$\rho_p(r)$ と $\rho_n(r)$ は，原子核の陽子と中性子の密度分布を表していて，4.1 節で紹介したように重い核に対しては次のウッズ–サクソン型，もしくは，2 パラメータフェルミ分布と呼ばれる関数形で書かれることが多い．

$$\rho_{p/n}(r) = \frac{\rho_{0p/n}}{1 + \exp[(r - c_{p/n})/a_{p/n}]} \tag{5.7}$$

ここで，$c_{p/n}$ と $a_{p/n}$ は陽子と中性子それぞれの分布の半径と表面の厚さを決めるパラメータである．式 (5.7) の分布関数は，おおよそ半径 $r = c_{p/n}$ の位置で密度が原子核中心 ($r = 0$) での値の半分になり，また，原子核密度は核表面付近で r を大きくしたときに $a_{p/n}$ の値で決まる割合で 0 に近づく．すなわち，$a_{p/n}$ の値が原子核表面の「厚さ」を決めている．$\rho_{0p/n}$ は，それぞれの分布関数

---

[1] 最も一般的な鉛の同位体は ^{208}Pb である．^{207}Pb を考える理由は，π 中間子原子の生成に用いる $(d,{}^3\mathrm{He})$ 反応が，標的核中の中性子を取り去り π^- を核内においてくる反応だからである．

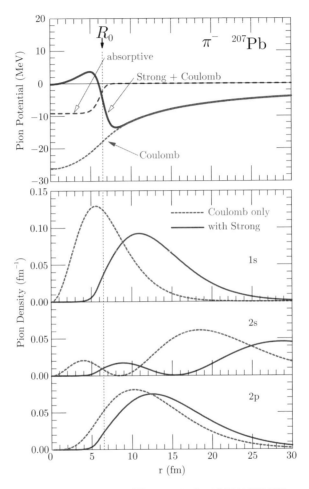

図 5.2 （上図）π 中間子と鉛同位体 ^{207}Pb の間の相互作用が動径座標 r の関数として描かれている．図中に示されたように，有限の広がりを持った電荷分布によるクーロンポテンシャル，それに強い相互作用（光学ポテンシャル）の実部を加えたもの，さらに原子核による吸収効果を表す光学ポテンシャルの虚部が描かれている．光学ポテンシャルは S 波項のみ考慮されていて，微分演算子を含む P 波項は図には含まれていない．（下図）π 中間子原子 $1s$, $2s$, $2p$ 状態の密度分布．有限の広がりを持った電荷分布によるクーロンポテンシャルのみで計算された場合と，光学ポテンシャルも含めた全ポテンシャルで計算された場合がともに図示されている（口絵 4 参照）．文献 [1] より．

を，陽子数や中性子数で規格化することによって定まる規格化定数であり，原子核中心における密度の大きさを近似的に表す．陽子と中性子の数が等しい対称核の場合は，陽子と中性子の密度分布が近いために，ポテンシャル項の中で $\rho(r) = \rho_p(r) + \rho_n(r)$ に比例する b_0 と c_0 の項が特に重要である．一方，$N \neq Z$ の非対称核では，$\rho_n(r) - \rho_p(r)$ に比例する b_1 と c_1 の項，いわゆるアイソベクトル項も重要になる．ε_1 と ε_2 は運動学的な因子で，それぞれ π 中間子と核子の質量 m_π, M を用いて $\varepsilon_1 = 1 + m_\pi/M$ および $\varepsilon_2 = 1 + m_\pi/2M$ と定義される．μ は π 中間子と原子核の換算質量である．式 (5.1)–(5.6) の光学ポテンシャルに含まれるパラメータの代表的な値を表 5.1 に示す [60]．

光学ポテンシャルは一般に実部と虚部からなっていて，

$$V_{\text{opt}}(r) = \text{Re} V_{\text{opt}}(r) + i \text{Im} V_{\text{opt}}(r) \tag{5.8}$$

のように実部と虚部を分離して書くこともできる．例えば，π 中間子光学ポテンシャルの S 波項の実部を $U_S(r)$, 虚部を $W_S(r)$ とすれば，

$$U_S(r) = -\frac{2\pi}{\mu}[b(r) + \varepsilon_2 \text{Re} B_0 \rho^2(r)] \tag{5.9}$$

$$W_S(r) = -\frac{2\pi}{\mu}\varepsilon_2 \text{Im} B_0 \rho^2(r) \tag{5.10}$$

である．式 (5.1)–(5.6) のポテンシャルは，4.2.1 項で説明した式 (4.43) と式 (4.46) で定義される，いわゆる $T\rho$ ポテンシャルとは異なり原子核密度 ρ の二乗の項が含まれている．この項は，原子核中の 2 核子と π 中間子が相互作用することによって生じる項であって，π 中間子と 1 つの核子のみとの相互作用で書かれる $T\rho$ ポテンシャルには含まれていないものである．ハドロンの中で最軽量の π 中間子が原子核内で強い相互作用により消滅する過程には，π 中間子が 2 つ

表 5.1　代表的な π 中間子–原子核光学ポテンシャルのパラメータ [60]，および，原子核密度分布のパラメータ．A は原子核の質量数を表す．

$b_0 = -0.0283\, m_\pi^{-1}$	$b_1 = -0.12\, m_\pi^{-1}$
$c_0 = 0.223\, m_\pi^{-3}$	$c_1 = 0.25\, m_\pi^{-3}$
$B_0 = 0.042\, i\, m_\pi^{-4}$	$C_0 = 0.10\, i\, m_\pi^{-6}$
$\lambda = 1.0$	
$c_p = c_n = 1.18 A^{1/3} - 0.48\,\text{fm}$	
$a_p = a_n = 0.5\,\text{fm}$	

以上の核子と相互作用することが必要であるために[2]，ポテンシャルの虚数部は ρ の二乗の項から現れ，ポテンシャルパラメータの中で B_0 と C_0 が複素数となる．

また，ポテンシャルの実部は，次のように，クライン–ゴルドン方程式の中で有効質量の一部とみなすこともできる．

$$[m_\pi^{\text{eff}}(\rho)]^2 = [m_\pi^2 + p_\pi^2 + \text{Re}\Pi(E, p_\pi; \rho)]_{p_\pi \to 0} \sim m_\pi^2 + 2m_\pi U_\text{S}(r) \quad (5.11)$$

π 中間子の運動量の大きさ $p_\pi \to 0$ の極限では P 波項は 0 になるので，S 波項のみが寄与している．したがって，π 中間子の質量変化を

$$m_\pi^{\text{eff}} = m_\pi + \Delta m_\pi \quad (5.12)$$

の Δm_π で定義すれば $\Delta m_\pi \ll m_\pi$ のときには，

$$\Delta m_\pi(r) \approx U_\text{S}(r) \quad (5.13)$$

と書くことができる．

さて，式 (5.1)–(5.6) の現実的な光学ポテンシャルを使って，理論的に得られた 4.2.4 項のエネルギー準位の図 4.5 をよく見ると，例えば，鉛の π 中間子原子に対しては，X 線分光法で観測されている $3d$, $4f$ 状態よりもかなり大きい束縛エネルギーを持つ $1s$, $2p$, $2s$ 状態も準安定な状態になっていることがわかる．4.2.4 項でも述べたように，量子力学的な状態が準安定であると判断する基準は，その束縛準位が離散的な準位構造を保つこと，すなわち隣り合った準位のエネルギー間隔よりも準位幅が小さいことであり，これは不確定性関係から考えれば，結局，十分長生きな準位であるということである．図 4.5 の $1s$, $2p$, $2s$ 状態は，十分離散的な準位構造を保っているように見える．このことより，深い束縛状態を実際に観測し研究することに興味が持たれるようになった．

当時，X 線分光法で観測されていない状態は，原子核に近すぎるために吸収効果が強く寿命が短すぎて，離散的な状態としては存在しないと考えるのが一般的であった．理論計算の結果得られた束縛状態が，大方の予想と異なる結果になったのはなぜであろうか？この点を理解するために，π 中間子–原子核間ポ

---

[2] π^0 が $\pi^\pm$ に比べてわずかに軽いために，陽子の π 中間子原子では $\pi^- + p \to \pi^0 + n$ 反応で π^- が消滅する過程が重要であるが，通常の安定核における π 中間子原子ではこの過程は無視できる．

テンシャルと，π中間子原子の密度分布をよく見てみよう．図 5.2 の上図を見てみると，光学ポテンシャルの実部は斥力的に働き，引力的なクーロン相互作用と合わせて，原子核の表面付近にポテンシャルのポケットを作っていることがわかる．そして，束縛状態にある π 中間子の密度は，このポケットあたりから外側に分布していることが図 5.2 の下図から見て取れる．クーロン相互作用のみの場合と比べて，π 中間子が外側に押し出されている様子もはっきりとわかるだろう．このことに対応して，図 4.5 に示されたように，強い相互作用の実部の効果によってエネルギー準位が浅く束縛される方向に大きくシフトすると同時に，π 中間子と光学ポテンシャルの虚部（図 5.2 中で absorptive と書かれたポテンシャル）の重なりが顕著に小さくなるのである．図 5.2 の上図，下図を見比べてみると，このことがはっきりわかるだろう．つまり，強い相互作用の斥力効果によって吸収効果が妨げられ，準安定な深い束縛状態が形成されるというカラクリである．文献 [45, 49] でこのカラクリは報告されているが，事実と認識されるためには実験による深く束縛された状態の発見を待たねばならなかった．これは式 (5.1)–(5.6) の光学ポテンシャルが，低密度展開の形をしているために，深い束縛状態では密度のより高次項の効果のためにあまり信用できない，と漠然と不安に感じられていたことも一因であろう．

π 中間子原子の大きさのイメージを得るためには，図 5.3 のように π 中間子原子の密度分布と原子核中の中性子の密度分布を比較してみるのも興味深い．この図では，π 中間子の生成反応に大きく寄与する 4 つの中性子状態の密度分布が示されている．これらは，Pb 原子核中の中性子の状態の中で比較的浅く束縛したものであり，原子核の殻構造では最外殻に属する状態である．

さて，上に述べたように，クーロン引力と強い相互作用の斥力的な実部が形成する原子核表面付近のポテンシャルポケットに π 中間子は束縛され，幅の狭い準安定な π 中間子原子を形成する．この理論予想を証明するために重要なのは，X 線分光法を超える適切な実験観測方法である．そのためには，理論的な π 中間子原子生成確率の評価と実験研究者による実行可能性の評価がともに重要であって，多くの共同研究のきっかけとなった．また，他グループとの競争になったこともあり，短期間に多くの反応が吟味された [1]．結局，4.4.3 項でも説明した，運動量移行 0 の無反跳反応で π 中間子原子を生成可能な $(d,{}^3\mathrm{He})$ 反応 [53] により深く束縛された π 中間子原子が発見されることになる [62–64]．図 4.15 に，1 核子移行反応である (n,d) 反応 [55] および $(d,{}^3\mathrm{He})$ 反応 [53] の運動量移行を入射粒子の 1 核子あたりの運動エネルギーの関数として示してある．

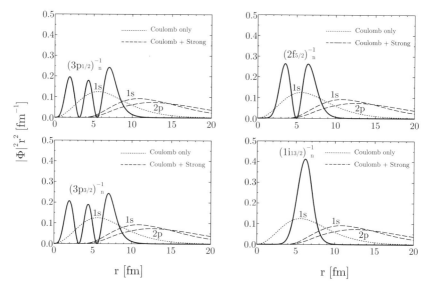

図 5.3　π中間子と鉛同位体 ^{207}Pb の系における，中性子空孔と π中間子原子の密度分布を動径座標の関数として図示してある．^{207}Pb の構造は，二重閉殻核 ^{208}Pb に 1 つの中性子空孔が存在する状態として記述されている．実線は文献 [61] のウッズ–サクソン型のポテンシャルを使って計算された中性子空孔の密度分布を表している．太い破線は π中間子原子の $1s$ と $2p$ 状態の密度分布で，現実的な光学ポテンシャル [60] と有限な広がりを持った電荷分布によるクーロン相互作用を考慮して計算された．点線はクーロン相互作用のみを用いて計算された π中間子原子の $1s$ 状態の密度分布である．

この図から，(n,d) 反応においては中性子の入射エネルギー $T_n \sim 300\,[\mathrm{MeV}]$，$(d,{}^3\mathrm{He})$ 反応においては入射重陽子のエネルギー $T_d \sim 450\,[\mathrm{MeV}]$（1 核子あたり 220–230 [MeV] 程度）で無反跳で π中間子を原子核中に「そっと」生成できることがわかる．

ここで，歴史的には，π中間子原子が (n,d) 反応では最初に発見されなかった事実に少し言及しておくことは「実験で現象が見えることに興味のある若手理論屋」のために有意義かもしれない．上でも述べたように，1990 年代初頭の短期間に非常に多くの反応が π中間子原子生成法として吟味されたのであるが，無反跳条件を満たし，有効核子数法などが適用可能で理論的にも取り扱いが容易な反応は (n,d) 反応も含めて他にもあった．しかし，結果的に，初めて π中間子原子生成に成功したのは，(n,d) よりも複雑な構造を持つ入射/射出核を用いた $(d,{}^3\mathrm{He})$ 反応であった．これはひとえに実験遂行上の有利さによる．d も

^{3}He も安定な荷電粒子であり実験的に取り扱いやすいが，中性子 n は電気的に中性であり，中性子線を生成するために必要な第一段階の反応の結果生成された粒子（2次粒子ビーム）として供給される．このため，π 中間子原子生成の際には，十分なエネルギー分解能やビーム強度が達成できず，「何か断面積にそれっぽいものが見えるが，ピークとしては明確に見えない」結果であって発見を逃した．(n,d) 反応の実験自身は $(d,{}^3\text{He})$ よりも数年前に行われていたにもかかわらず，である[3]．故に，理論屋である筆者の経験からは，理論研究者との共同研究は当然であるが，実験研究者との研究も非常に重要なものであると思う．理論と実験の共同研究が重要なのは，自然科学の発展の場においてとても「自然」なことであろう．

さて 4.4.3 項で説明された，有効核子数法を用いた計算では，π 中間子生成反応の素過程断面積が必要である．原子核標的の (n,d) および $(d,{}^3\text{He})$ 反応においては，素過程はそれぞれ $n+n \to d+\pi^-$ と $d+n \to {}^3\text{He}+\pi^-$ である．これらの反応の実験値があればよいのであるが，中性子 n は真空中では自然に崩壊してしまうために反応の標的としては使えない．そこで，強い相互作用の観点からは等価[4]であるが電荷の状態が異なる別の反応 $p+p \to d+\pi^+$ および $d+p \to t+\pi^+$ のデータを利用することにする．ここで t は三重陽子（三重水素の原子核）を表している．図 5.4 に素過程断面積の実験データとそれに合わせた計算値を入射エネルギーの関数として示してある．それぞれの反応で断面積が 0 から有限の値になる最低のエネルギーは π 中間子の生成しきい値である．また，これらの断面積のエネルギー依存性は，終状態の位相空間体積の大きさの変化に加えて，$p+p \to d+\pi^+$ 反応に関しては πN チャンネルと強く結合する $\Delta(1232)$ 共鳴の存在を，$d+p \to t+\pi^+$ 反応に関しては三重陽子を形成するための遷移振幅中の形状因子の効果を考えるとおおよそ理解できる．

以上述べたような束縛粒子の波動関数や素過程断面積を用い，有効核子数法を適用して計算された $^{208}\text{Pb}(d,{}^3\text{He})$ 反応による π 中間子原子生成断面積と，史上初めてのまったく同じ反応によって π 中間子原子が観測された実験結果をともに図 5.5 に示した．この図の横軸は，欠損質量法において，射出される ^{3}He のエネルギーに対応して定まる標的核の励起エネルギーを示していて，約 140 [MeV] のところに垂直に描かれた点線が π 中間子生成のしきい値を表す．ちょうどしきい値のところでは，終状態の π 中間子–原子核系は「鉛 ^{207}Pb の基底状態 +

---

[3] 深く束縛された π 中間子原子に関する総合報告参照 [1]．
[4] 強い相互作用のアイソスピン対称性．

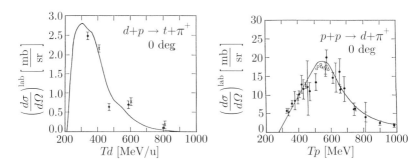

図 5.4 （左図）π 中間子生成反応 $d+p \to t+\pi^+$ の 0° における微分断面積 $(d\sigma/d\Omega)^{\rm lab}$ の値が，実験室系の 1 核子あたりの入射エネルギー T_d [MeV/nucleon]（図中では [MeV/u] と表記されている）の関数として描かれている [53,55]．実験データは文献 [65,66] より．実線は文献 [66] の計算結果をデータに合わせて 1.7 倍したもの．（右図）$p+p \to d+\pi^+$ 反応の 0° における微分断面積 $(d\sigma/d\Omega)^{\rm lab}$ の値が，入射エネルギー T_p の関数として描かれている．実験データは文献 [67–69] より．実線は簡単な関数型で実験値の振る舞いを再現したもの [55]．

束縛エネルギーが 0 で核に対して静止した π⁻ 中間子」が存在する系と同じエネルギーを持っていることになる⁵⁾．このしきい値よりも右側の領域では，終状態の π 中間子が自由空間に飛び出す準弾性散乱過程も $(d,{}^3{\rm He})$ 反応に寄与するので，断面積はエネルギーとともに増加する傾向がある．しきい値よりも左側のエネルギー領域では，π 中間子–原子核系の持つエネルギーは小さくて π 中間子は自由空間に飛び出すことはできない．したがって，この領域では準安定で離散的な束縛状態からの寄与の和が π 中間子原子生成過程による $(d,{}^3{\rm He})$ 反応の断面積となる．図中の断面積の主なピーク構造のところに，対応する中性子の状態と π 中間子の状態の組み合わせが書かれているが，理論と実験の断面積の形状が非常によく対応していることがわかるだろう．

ここまでに紹介した理論と実験の共同研究により，²⁰⁸Pb を標的とした $(d,{}^3{\rm He})$ 反応の実験から深く束縛された π 中間子原子の存在が実証され，束縛状態のエネルギーや幅などの実験的な情報が得られた．このこと自身が 1 つの大きな進歩であって，新しいハドロン多体系の分光学的な研究を拓いているのだが，さて，ここから物理的な知見として何が導出できるかよく考えてみることが重要であろう．最も単純に行えることは，理論的に提案されている π 中間子と原子核の相互作用（光学ポテンシャル）を用いて得られた計算結果を実験と比較し

---

⁵⁾ もし ²⁰⁷Pb が励起した状態であれば，このエネルギーで π 中間子は束縛状態になる可能性もある．

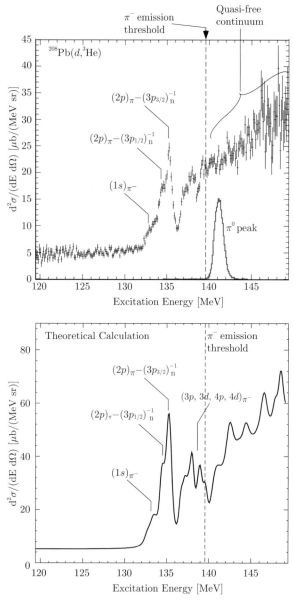

図 5.5 （上図）深く束縛された π 中間子原子が発見された，^{208}Pb$(d,^3$He$)$ 反応の前方における ^{3}He エネルギースペクトラムの実験結果 [64]．入射エネルギーは $T_d = 604$ [MeV] であり，垂直な破線は π^- 中間子の生成しきい値を表す．$(CH_2)_n$ 標的からの，$p(d,^3$He$)\pi^0$ 反応によるピークも同時に示されている．（下図）筆者らによって理論的に予言されたスペクトラム [53, 64].

て，理論的な光学ポテンシャルに「成績」をつけることである．本節の冒頭でも紹介したように，その当時は，X線分光法によって浅く束縛された状態のみが観測可能であり，実験的な情報は限られていた．この時代に理論的に構築された π 中間子–原子核相互作用が，果たして深く束縛された状態のデータと整合するのであろうか？これらの相互作用は，4.2.1 項で概要を紹介したように，真空中での π 中間子–核子の散乱振幅を基に場の理論的に導出されるものであるが，研究者ごとに理論的取り扱いの詳細や重要視する効果が異なり，結果，得られた光学ポテンシャルも同じではない．図 5.6 と図 5.7 に，^{207}Pb に深く束縛された π 中間子原子の観測データと，いくつかの理論的に提案された光学ポテンシャルによる計算結果を比較した図を，文献 [64] から引用する．図 5.6 は π 中間子原子の $1s$ 状態の計算結果と観測データを比較したもの，図 5.7 は π 中間子原子の $2p$ 状態に関するものである．図中に示されている○，●，■ ⋯

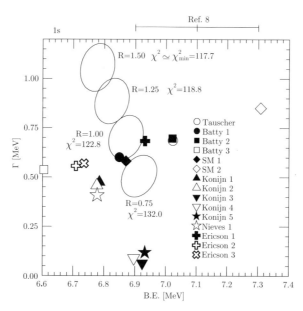

図 5.6 実験的に得られた ^{207}Pb 核の π 中間子原子 $1s$ 状態の束縛エネルギー (B.E.) と準位幅 (Γ) が，理論的に計算された値と比較されている [64]．理論値は○，●，■ ⋯ などの記号で示されており，実験値の範囲は楕円形で示されている．図中の 4 つの楕円形は，実験的に得られた $(d, ^3\text{He})$ スペクトラムから，束縛エネルギーや準位幅を導出する際に導入されたパラメータ R の 4 つの値に対応している（R は $1s$ 状態と $2p$ 状態の生成断面積の比を，理論値と実験値で比較した比率を表している [64]）．図中に「Ref.8」と示された束縛エネルギーの領域は，文献 [70] で報告された初期の解析の結果である．

120   第 5 章　中間子–原子核束縛系 —最新の研究から—

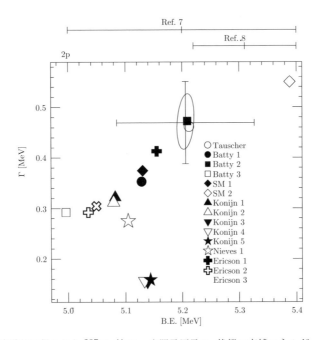

図 **5.7**　実験的に得られた ^{207}Pb 核の π 中間子原子 $2p$ 状態の束縛エネルギー (B.E.) と準位幅 (Γ) が，理論的に計算された値と比較されている [64]．理論値は○，●，■ … などの記号で示されており，実験値は交差する実線と楕円形で示されている．実線と楕円は異なる種類の実験誤差（系統誤差と統計誤差）を表している [64]．図中に「Ref.7」および「Ref.8」と示された束縛エネルギーの領域は，文献 [62, 70] で報告された初期の解析の結果である．

などの記号は複数の異なる理論的なポテンシャルによる計算結果を示している．それぞれのポテンシャルを提案している理論研究の原著論文は文献 [64] にまとめられている．図 5.5 のスペクトラムでは $1s$ 状態は明確なピークとしては観測されず隣の大きなピークに隠されているため，この実験結果から $1s$ 状態の情報を精度よく抽出することは難しく，得られた束縛エネルギーや準位の幅の不定性が大きい．このため，図 5.6 では，実験データから許される領域が，$2p$ 状態の図 5.7 に比べて広がっている．実験結果の誤差もまだ大きく，この結果のみを通じて各ポテンシャルの当否を最終的に決定するのは時期尚早であるが，$1s$，$2p$ 両方の状態に対してデータから大きく離れて小さい幅を予言したポテンシャルなどは修正が必要な可能性が高いと言える．

　さて，上で述べたように，図 5.5 では，強い相互作用の影響を最も受けている π 中間子原子の $1s$ 状態からの寄与が明確なピーク構造として観測されずに，

2p 状態生成による大きなピーク構造の裾野に埋もれてしまっている．これでは，1s 状態の性質を詳しく精密に調べることは難しい．そこで，原子核の構造と無反跳反応の特性を巧みに利用して，鉛の同位体の 1 つ ^{206}Pb や錫 Sn の同位体を標的として利用することが次に提案された．鉛の ^{206}Pb（陽子 82 個，中性子 124 個）と ^{208}Pb（陽子 82 個，中性子 126 個）の違いは，中性子の個数が 2 つ異なることであり，^{208}Pb では完全に詰まっている中性子の $3p_{1/2}$ 状態が ^{206}Pb では空っぽに近い．つまり，^{208}Pb の代わりに ^{206}Pb を標的にすれば，図 5.5 において π 中間子原子 1s 状態の寄与を隠している「隣の大きな山」が消滅し，1s 状態がピークとして見えると期待された．このアイディアに基づいて，文献 [71] において理論計算が行われた．予想どおりに 1s 状態のピークが理論スペクトラム上に現れ，この結果を基に実験が行われた．実験で得られた ^{206}Pb(d,^{3}He) 反応の断面積は，すでに 4.4.2 項の図 4.13 に示されている．隣の大きな 2p 状態の生成によるピークよりも控えめであるが，π 中間子原子 1s 状態の生成が明らかにピークとして見えていることが，この図からわかるであろう．有効核子数法による生成断面積の計算が十分な予言能力を持ち，原子核構造の知識と組み合わせることにより，π 中間子原子生成反応の実験計画を先導できるレベルであることを示していると言える．

　錫の同位体を標的にした場合はさらに興味深い．原子核物理学の観点からいうと，錫は安定な同位体の数が多く，中性子の個数の変化に対する核構造の変化を研究するのに良い原子核である．また陽子数は魔法数の 50 個であり安定性も良い．中間子原子生成の観点から言えば，図 5.1 からわかるように π 中間子の軌道が核表面にかなり接近している十分に重い核であると同時に，中性子の $3s_{1/2}$ 軌道が外側の殻に存在するので，無反跳反応で π 中間子の 1s 状態を生成しやすいという利点がある．この考察を基に，理論的に計算された錫同位体を標的核とした (d,^{3}He) スペクトラムが図 5.8 である [48]．それぞれの錫同位体標的の場合のスペクトラムで，最も高いピーク構造が，中性子を $3s_{1/2}$ 軌道から取り出して π 中間子原子の 1s 状態が生成されたことを示している．この図を見るとわかるように，期待どおり π 中間子原子の 1s 状態が最も大きく生成されて，はっきりとしたピーク構造を作っている．これならば，最も深く束縛された π 中間子原子の 1s 状態の束縛エネルギーや幅の詳細なデータを得ることができる．また，原子核全体の中性子数の変化に伴って，$3s_{1/2}$ 状態に入っている中性子数も変化し，それに対応してピークの高さが変化していることも見て取れる．この $3s_{1/2}$ 準位における中性子数の変化は，中性子波動関数の規格

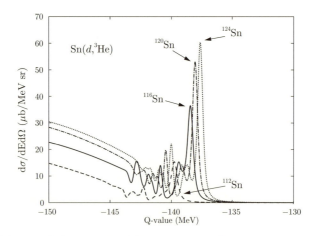

図 5.8 文献 [48] で報告された，錫同位体を標的とした $(d, {}^3\text{He})$ 反応による π 中間子原子生成スペクトラムの理論的な計算結果．入射重陽子のエネルギーは $T_\text{d}=500$ [MeV] であり，実験のエネルギー分解能 300 keV を仮定している．それぞれのスペクトラムの標的核は図中に示されている．

化の変化に対応し，有効核子数を変えるのである．このため，${}^{112}\text{Sn}$ 標的の場合のピークに比べて，${}^{124}\text{Sn}$ 標的の場合のピークは 4 倍程度高くなっている．

この理論予想に基づいて，錫の同位体 ${}^{116,120,124}\text{Sn}$ を標的として実験が行われた [72]．結果は，図 5.9 のとおりである．この図の中で，$p(d, {}^3\text{He})\pi^0$ と書かれてるピークは，陽子を標的とした π^0 を生成する過程から生じたものであり [6]，原子核に束縛された π^- 中間子原子の生成に対応していないことに注意しよう．図 5.9 を見ると，π 中間子の $1s$ 束縛状態生成のピークが 3 つの同位体すべてで見事に観測されている．また各同位体で $3s_{1/2}$ 準位に存在する中性子数が変化することに対応して，π 中間子原子 $1s$ 状態生成のピークの高さが変化する様子もはっきりとわかる．この実験成功によって，重い原子核に深く束縛された π 中間子原子は，ハドロン原子核反応による欠損質量法を用いた分光学的研究により，最も深い $1s$ 状態まで精度よく研究できることが実証されたと言える．

精度よく得られた，錫の同位体における π 中間子原子の $1s$ 状態からどのような物理的な知見を得るかは重要である．図 5.6 や 5.7 で行われたような「理論的なポテンシャルの成績表」を超えたより深い物理的な知見を，第 3 章で紹介したような理論的な議論を用いて得られないだろうか？すでに 4.2.4 項で述べた

---

[6] この図の横軸の目盛りを実験的に正確に決定するための目印として，意識的に実験に加えられた過程である．

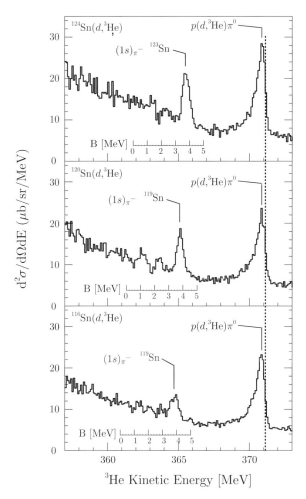

図 5.9 入射重陽子の運動エネルギー $T_d = 503.388\,[\mathrm{MeV}]$ における，実験的に測られた $^{124,120,116}\mathrm{Sn}(d,{}^3\mathrm{He})$ 反応スペクトラム [72]．対応する $^{123,119,115}\mathrm{Sn}$ 原子核の π 中間子原子束縛エネルギーの目盛り (B[MeV]) も図中に示されている．$(1s)_{\pi^-}$ と図中に示されたピークが π 中間子原子 $1s$ 状態の生成に対応している．3 つの図に共通する，右側の垂直な点線付近の大きくてやや歪んだピークは $p(d,{}^3\mathrm{He})\pi^0$ によるもので，横軸のエネルギーの目盛りを決定するために錫標的の反応と同時に観測されたものである．

ように，大きな原子核における $1s$ 状態は，光学ポテンシャルの S 波項の情報を精度よく得ることに適している．さらに，錫の同位体に対するデータが揃っているのであるから，ポテンシャルの S 波項中の，特に，アイソベクトル項の強

さに注目することは意味があるだろう．この項は光学ポテンシャル式 (5.4) 中の $[\rho_n - \rho_p]$ に比例する項であり，その強さはパラメータ b_1 で決定される．実際に，文献 [72] においては，この b_1 パラメータについて興味深い議論がなされた．まず，実験結果から b_1 パラメータが精度よく決定されたことを示しているのが図 5.10 である．この図は，b_1 パラメータの値とともに，式 (5.2) のポテンシャル S 波項のなかで原子核の π 中間子吸収効果の強さを表す B_0 パラメータの虚部の値が，π 中間子原子 $1s$ 状態の観測結果からどのように決まるかを示している[7]．π 中間子原子のデータから得られた結果と同時に，真空中における π 中間子–核子散乱振幅から得られた b_1 パラメータの値も「$free\ value$」として図示されている．この解析結果から π 中間子原子の観測から得られた b_1 パラメータの値は，真空中での値と大きく異なっており

$$R = \frac{b_1^{\text{free}}}{b_1} = 0.78 \pm 0.05 \tag{5.14}$$

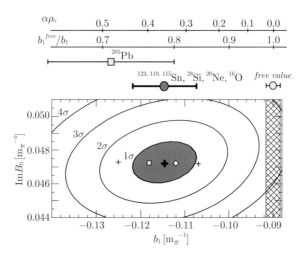

図 **5.10** 錫の 3 つの同位体と 3 つの軽い対称核における π 中間子原子 $1s$ 状態の束縛エネルギー B_{1s} と幅 Γ_{1s} を用いて決定した，光学ポテンシャルパラメータ b_1 および $\text{Im}B_0$ の妥当と思われる領域が図示されている．□と◇記号や左右の＋記号は，原子核の中性子分布が正確に知られていないために，妥当な領域の中心位置（中央の＋記号）がどの程度変化するかを示している．^{205}Pb における π 中間子原子のデータと真空中のデータから得られた b_1 パラメータの値も比較のために示されている．文献 [72] より．

---

[7] b_1 パラメータの値を決定する際に行われた詳細な検討は文献 [1, 72] 参照のこと．

であることがわかった [72]．

この値の意味について考えてみよう．まずここで，原子軌道に束縛された状態にいる π 中間子が最も強く影響を受けるのは，ある一定の有効核密度 $\rho_e \approx 0.60\,\rho_0$ における光学ポテンシャルの強さであるという点に注意しなければならない [73]．この点については後で詳しく説明する．もう 1 つ重要な点は，式 (5.14) で表される比 R が，3.4 節で議論された関係式 (3.16) を用いると，密度 0 での π 中間子の崩壊定数 f_π の値と有効核密度 ρ_e における崩壊定数 $f_\pi^*(\rho_e)$ の値の関係に読み替えることができる点である．式 (5.14) の値を用いれば $f_\pi^*(\rho_e)^2$ の値は，真空中の値に比べて約 80% 程度の大きさに減少していることがわかる．さらに，3.4 節の GOR 関係式 (3.11) と式 (3.14) [3,28] に代入して，$f_\pi^*(\rho)$ の値の変化から，クォーク凝縮に関して

$$\frac{\langle \bar{q}q \rangle_\rho}{\langle \bar{q}q \rangle_0} \sim \left(\frac{f_\pi^*(\rho)}{f_\pi} \right)^2 \tag{5.15}$$

のように有限密度での値を決めることが可能である．すなわち $\rho = \rho_e$ でのクォーク凝縮の値は $\rho = 0$ における値に比べて，約 0.8 倍程度の値に減少していることがわかる．さらに，クォーク凝縮の大きさの変化が近似的に密度の 1 次関数として表せるとすると，標準核密度 $\rho = \rho_0$ におけるクォーク凝縮の大きさは $\langle \bar{q}q \rangle_{\rho_0} / \langle \bar{q}q \rangle_0 \approx 0.7$ となる．これは，式 (3.12) で予想された値 0.65 と良い一致をしている．また，図 5.11 には，文献 [30] で報告された 2 ループ近似のカイラル摂動論を用いた計算結果が錫同位体の π 中間子原子の実験値と比較してあり，こちらもおおむね矛盾のない結論を得ている．さらに，模型に依存しない一般的な定式化が文献 [31] において慈道大介氏らによってなされ，理論的にもより確かな検討が行われた．これらの議論によって，π 中間子原子の観測から有限の密度における π 中間子の性質（ここでは主に原子核との相互作用中に含まれる b_1 パラメータの値の変化）を決定し，クォーク凝縮の変化の大きさを導出することによってカイラル対称性の部分的回復のシグナルを捉えた，と言うことができる [1,72,74]．

さて，π 中間子原子の構造上の特徴に関してやや詳細な点を説明しておこう．この特徴は，上で述べたように，ある特定の有効核密度 $\rho_e \approx 0.60\,\rho_0$ における π 中間子の性質を導出するために重要であった．

π 中間子と原子核の強い相互作用の効果を表す光学ポテンシャルは，4.2.1 項で説明したように，真空中の π 中間子–核子相互作用を基礎として，理論的に導

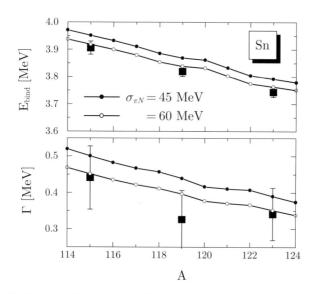

図 5.11 錫同位体の π 中間子原子 $1s$ 状態の束縛エネルギーと幅. 実験データ [72] と文献 [30] による理論計算が比較されている. 文献 [30] より.

出されることが理想であるが原子核中のハドロン自由度をすべて不定性なく理論計算の枠組みに取り込むことは大変難しく，様々な近似的/現象論的な手法による研究が存在する[8]．それらの1つとして，現存する実験データを最も良く再現するポテンシャルパラメータを，最小二乗法を用いて決定することも試みられている．この過程で，いくつかのパラメータ間に強い相関があることが発見された [60]．まず，これを具体的に見てみよう．図 5.12 の上段左と上段右の図は，S 波項のポテンシャルパラメータ b_0 と Re B_0 の平面上に，$1s$ 状態と $2p$ 状態の束縛エネルギーの計算結果を等高線図として描いたものである．また，下段の図は P 波項のポテンシャルパラメータ c_0 と Re C_0 の平面上に $2p$ 状態の束縛エネルギーについて等高線図を描いたものである．これらを見ると，それぞれの平面上で等高線が広い範囲にわたって直線になっており，この線上であれば同じ束縛エネルギーが得られることがわかる．つまり，線上のどの点が正しいパラメータの値に対応するかは，束縛エネルギーの値だけから判断することは難しい．このパラメータ間の関係を式で表すと [60],

---

[8] 実際，図 5.6 と図 5.7 に示したように，すでに多くの理論的光学ポテンシャルが提案されている．

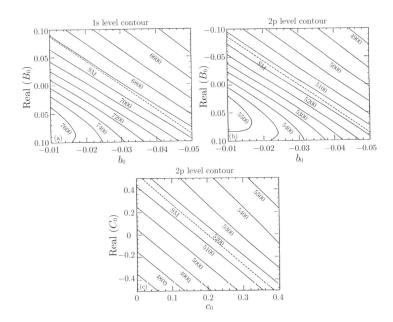

図 5.12 ^{208}Pb 核における π 中間子原子 $1s, 2p$ 状態の束縛エネルギーの等高線図．（上段左）$1s$ 状態の束縛エネルギーの S 波項ポテンシャルパラメータ Re B_0–b_0 依存性，（上段右）$2p$ 状態の Re B_0–b_0 依存性，（下段）$2p$ 状態の P 波項ポテンシャルパラメータ Re C_0–c_0 依存性が示されている．各ポテンシャルパラメータの単位は π 中間子の質量を用いた表 5.1 と同じ単位である．図中の点線は文献 [60] で報告されたポテンシャルパラメータ間の相関関係を表している．束縛エネルギーの値は図中に keV 単位で記入されている．文献 [45] より．

$$b_0 + \alpha_s B_0 = \beta_s = (-0.03 + 0.01i)m_\pi^{-1}, \quad \alpha_s \sim 0.23 m_\pi^3$$
$$\frac{c_0 + \alpha_p C_0}{\gamma} = \beta_p = (0.2 + 0.02i)m_\pi^{-3}, \quad \alpha_p \sim 0.37 m_\pi^3 \quad (5.16)$$

となる．この線形関係は，他の束縛状態に対してもほとんど同じ形で現れて，異なる状態のデータを組み合わせてそれらを同時に再現する点をパラメータ平面上で 1 点決めることも困難であることがわかっている．b_0, c_0 パラメータが光学ポテンシャル中で密度 ρ の 1 次の項の係数であり，Re B_0, Re C_0 が密度 ρ の 2 次の項の係数であることから，式 (5.16) のようなポテンシャルパラメータ間の相関の存在は，以下に示すように，ある特定の核密度 ρ におけるポテンシャルの強さが束縛状態の性質を決めていることを強く示唆する．簡単のために陽子数と中性子数の等しい対称核を考えて $\rho_n = \rho_p$ とすると，式 (5.16) の成り立つ場合に式 (5.2) および式 (5.4) で表される S 波ポテンシャルの実部は，

$$\mathrm{Re}V_{\mathrm{S}}(r) = -\frac{2\pi}{\mu}\left[\varepsilon_1 b_0 \rho + \varepsilon_2 \mathrm{Re}B_0 \rho^2\right]$$

$$= -\frac{2\pi}{\mu}\left[b_0\left(\varepsilon_1 - \varepsilon_2 \frac{\rho}{\alpha_s}\right)\rho + \varepsilon_2 \frac{\mathrm{Re}\beta_s}{\alpha_s}\rho^2\right] \quad (5.17)$$

と書き直すことができる．このポテンシャルの表式において b_0 を変化させることは式 (5.16) を満足するように b_0 と $\mathrm{Re}\,B_0$ を同時に変化させることに対応するが，その際に束縛エネルギーが変化しないということは，式 (5.17) 中の b_0 に比例する項がほとんど効果を持たないことを意味する．つまり，b_0 項の係数 $\left(\varepsilon_1 - \varepsilon_2 \dfrac{\rho}{\alpha_s}\right)$ が 0 となる特定の密度におけるポテンシャルの強さが束縛エネルギーを決めていることになる．この密度を有効核密度 ρ_e とすれば，ポテンシャルパラメータ b_0 と $\mathrm{Re}\,B_0$ の相関からは，$\rho_e = \dfrac{\varepsilon_1}{\varepsilon_2}\alpha_s \sim 0.5\rho_0$ と見積もることができる．すなわち，この密度でのポテンシャルの強さが π 中間子原子の構造を決めていることになる．言い換えれば，原子軌道に存在する π 中間子が「見ている原子核の密度」は，ρ_e であると言える．

π 中間子原子は量子力学的な束縛状態であるから，当然，π 中間子は波動関数の広がりに対応して空間的に分布している．有効核密度 ρ_e が π 中間子の密度分布を使ってどのように理解できるか示したものが図 5.13 である．この図には，理論計算で得られた π 中間子原子の密度分布 $|R(r)|^2$，原子核の密度分布 $\rho(r)$，それらの重なりの分布 $\rho(r)|R(r)|^2 r^2$ が示されている．ここで，$R(r)$ は π 中間子原子の動径波動関数である．この図を見ると，重なりの分布のピークの位置が $^{208}\mathrm{Pb}$ のように重い核でも $^{16}\mathrm{O}$ のように軽い核でも，ほぼ原子核半径に一致している．さらに π 中間子原子の異なる束縛状態 $1s$, $2p$, $3d$ などの場合を比較すると，π 中間子原子の密度分布自身は束縛状態ごとに大きく変化するが，重なりの分布のピークの位置はほとんど変わっていないことが明確に見て取れる．このピークの位置における原子核密度の大きさが，まさに，上で述べた有効核密度 ρ_e になっているのである．つまり，束縛エネルギーや幅を一定にするようなポテンシャルパラメータ間の相関の観点からも，クライン–ゴルドン方程式を解いて得られた π 中間子原子の密度分布の観点からも，原子軌道に束縛された π 中間子原子が「見ている原子核密度」はある一定の値 ρ_e であると言える．有効核密度 ρ_e の値は，多くの原子核に対して図 5.13 に示したような解析を実行した結果 $\rho_e \approx 0.60\rho_0$ であると結論されている．π 中間子原子のこのような構造上の特徴を利用して，深く束縛された π 中間子原子の実験結果か

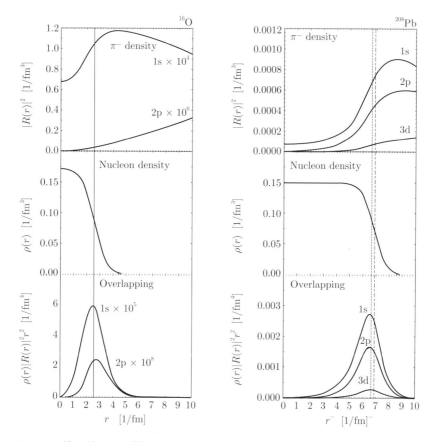

図 5.13 ^{16}O（左図）と ^{208}Pb（右図）原子核における π 中間子原子の，π^- 中間子の密度分布（上図）と原子核密度分布（中央）の重なりの分布（下図）が図示されている．垂直な点線と一点鎖線は，陽子と中性子の密度分布の表面の位置（原子核中心の密度に比べて核密度が半分になる動径座標）を表している．文献 [73] より．

ら，特定の原子核密度 $0.60\rho_0$ における π 中間子の性質およびクォーク凝縮の変化を導き出すことができたのである．

最後に，π 中間子原子の最新の研究について触れておこう．上で述べたように π 中間子原子の構造上の特徴を利用して「特定の原子核密度における」π 中間子の性質およびクォーク凝縮の変化に関する情報を得られたことは大きな成果であったが，同時に，この π 中間子原子の特徴は研究を次の段階に発展させる場合には乗り越えなければならない障壁に転じることに読者諸氏はお気づき

であろうか？クォーク凝縮の詳細な密度依存性に関する知見を得ることや，陽子密度と中性子密度が異なる物質中でのクォーク凝縮の研究を発展させるためには，様々な原子核密度の大きさにおけるπ中間子の性質を知ることが必要であるが，この目的のためには，現在知られているπ中間子原子が見ている原子核密度の領域が狭いのである．このため，より広い範囲の原子核密度領域を研究可能なπ中間子原子を理論的に検討したり，比較的狭い密度領域の情報からクォーク凝縮の詳細な情報を得るためにより精密に分光学的研究を行う検討が，現在，活発になされている [75–79]．

5.2 K^-中間子原子とK^-中間子原子核

ここではK^-中間子と原子核の系に関して紹介しよう．K^-中間子もπ^-中間子同様に負電荷を持っているので，電磁相互作用によって原子核と束縛しK中間子原子を形成する．このK中間子原子もX線分光法により以前から研究されてきたが，やはり原子核による吸収効果のために，比較的浅い束縛状態の研究に限られてきた [50]．したがって，X線分光法で到達できない深く束縛されたK中間子原子や，原子核内部に存在するK中間子原子核の状態に関しては，未知な部分が多い．

K中間子–原子核系の大きな特徴は，4.2.4項の図4.7に示したように強い相互作用による光学ポテンシャルも引力であり，電磁相互作用による引力ポテンシャルに加えて原子核半径程度の領域ではさらに強い引力が働く点である．このために通常のK中間子**原子**の状態に加えて，主に強い相互作用によって原子核中に束縛されたK中間子**原子核**状態も存在する可能性がある[9]．理論的なK中間子–原子核束縛系の構造に関する計算結果は，K中間子–^{39}K原子核系の場合について，すでに4.2.4項の図4.8と図4.9に示されている．強い相互作用で原子核中に束縛されたK中間子原子核状態が存在する可能性があるために，X線分光法で観測された原子状態がクライン–ゴルダン方程式のいずれの解と対応するのかが明確でないことに注意しなければならない．例えば，実験的にはK中間子原子の$2p$状態だと思われる状態を，軌道角運動量$\ell=1$に対する運動方程式の解のなかで，基底状態から数えて何番目の準位に対応させたらよいの

---

[9] 本節中では中間子原子と中間子原子核の両方が頻繁に本文中に登場する．注意して区別してほしい．

かが明確でないのである．そのために，既知の K 中間子原子の観測結果を再現するような光学ポテンシャルの中で，顕著に強さが異なるものが複数存在する．また，もう1つの K 中間子–原子核系の興味深い特徴は，$\Lambda(1405)$ バリオン共鳴の性質に非常に大きく影響されるという点である．$\Lambda(1405)$ 共鳴は K^- 中間子–陽子の系と強く結合するバリオン共鳴であり，もしも $\Lambda(1405)$ の性質が原子核中で変化すれば，K 中間子–原子核間の相互作用も大きく変化することになる．

K^- 中間子と原子核の相互作用に関する理論的な研究は，近年大きく進展した．軽い u, d, s クォークは，フレーバー $SU(3)$ と呼ばれる近似的な対称性を有するが，この $SU(3)$ カイラル有効ラグランジアンを用いた研究が大きな成功を収めている．これは，3.4節で言及した低エネルギー定理を満足するような，中間子とバリオンの自由度で書かれた有効ラグランジアンを用いた場の理論的な研究である．これらの研究は，真空中における中間子–バリオンの散乱過程を系統的に記述することに成功し [80,81]，また $\Lambda(1405)$ バリオン共鳴の存在が中間子–バリオン散乱のチャンネル結合を取り入れることにより理解できることを示した [80–82]．さらに，カイラル有効ラグランジアンを用いた研究は有限密度中における K 中間子の性質の研究に進展して [83–85]，K^- 中間子と原子核の相互作用が議論できるようになってきている．これらの研究では，有限密度中においてチャンネル結合を考慮した中間子–バリオン散乱を考え，その中間状態に有限密度の影響が取り入れられている．具体的には例えば，中間状態の核子に対するパウリ効果は文献 [83–85] の研究すべてで取り入れられており，文献 [84] ではパウリ効果に加えて中間状態における K 中間子の有限密度での自己エネルギーが考慮され，さらに文献 [85] では中間状態に現れる他の中間子やバリオンに対する自己エネルギーの効果も考慮されている．このようにして得られた K^- 中間子–原子核相互作用は，カイラルユニタリー模型によるポテンシャルと称される．

K^- 中間子–原子核系の研究は，上述のように，$SU(3)$ カイラル有効ラグランジアンを用いた，中間子–バリオンの多くのチャンネルが結合した理論的な枠組みで取り扱われ，π^- 中間子の場合のように π^-–p と π^-–n などごく少数のチャンネルのみの相互作用に帰することが難しい．また，エネルギー的に K 中間子と核子の質量の和のごく近傍に $\Lambda(1405)$ バリオン共鳴も存在していて観測量に強い影響を与える．この $\Lambda(1405)$ バリオン共鳴が複雑で興味深い性質を持つことも近年報告されている [86,87]．したがって K 中間子–原子核系に対して，π 中間子の系の場合とまったく同じ解析法を適用するのは困難であろう．しかし

ながら，この系はチャンネル結合の取り扱いにより動力学的に発生する共鳴と，その有限密度での変化という新しい興味を提示する系であると考えることができる．K 中間子と原子核の相互作用を決定することと，核内での $\Lambda(1405)$ の性質の変化を知ることは，密接に関係している不可分な研究対象であると言える．

K 中間子-原子核光学ポテンシャルは，次の形で表される場合がある．

$$2\mu V_{\text{opt}}(r) = -4\pi \eta a_{\text{eff}}(\rho, E)\rho(r) \tag{5.18}$$

ここで，$a_{\text{eff}}(\rho, E)$ は一般に密度 ρ やエネルギー E に依存する K 中間子-核子間の有効散乱長を表し，K 中間子-原子核間ポテンシャルの強さを決定する．また，m_K と M を K 中間子と核子の質量として $\eta = 1 + \dfrac{m_K}{M}$ である．K 中間子-原子核ポテンシャルとして，QCD の有効模型の 1 つであるカイラルユニタリー模型を使って理論的計算されたもの [85,88] と，既知の浅い K 中間子原子のデータを再現するように現象論的に得られたもの [50] を比較してみることは興味深い．現象論的な a_{eff} は，簡単な関数形を用いて次式で与えられる．

$$a_{\text{eff}}(\rho, E) = (-0.15 + 0.62i) + (1.66 - 0.04i)(\rho/\rho_0)^{0.24}[\text{fm}]. \tag{5.19}$$

これら 2 つのポテンシャルの振る舞いを図 5.14 に示した．この図を見ると 2 つの光学ポテンシャルは，実部の深さが 4 倍（!）ほど異なることがわかる．どちらのポテンシャルも浅く束縛された K 中間子原子の実験データをよく再現することが知られているが，これらのポテンシャルでは，原子核中に束縛された K 中間子原子核状態の個数が異なることが知られており「何番目の準位を X 線分光法による K 中間子原子の実験値と対応させるか」は異なっている．この特徴はすでに 4.2.4 項の図 4.8 において K^- 中間子と ^{39}K 原子核の束縛準位について説明されたとおりである．この，実験結果と計算された準位の対応の任意性は，他の K^- 中間子-原子核系に対しても共通であり，例えば重い原子核である ^{207}Ti と K 中間子の原子状態に関して，図 5.14 に示された 2 つのポテンシャルによる計算結果を比較すると図 5.15 のようになる．両者の結果は驚くべき一致を示しており，とても 4 倍も深さの異なる実部を持つポテンシャルによる計算結果とは思えないほどである．

ここで，どちらのポテンシャルを採用したとしても，深く束縛された K 中間子原子の状態が十分離散的な状態として理論的に予言されていることには注意するべきである．^{207}Ti のように重い原子核のまわりの K 中間子原子は，非常

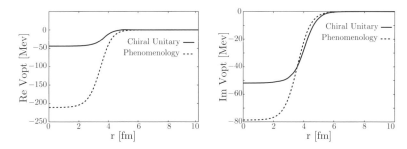

図 5.14 K^- 中間子–^{39}K 原子核間の光学ポテンシャルの実部（左図）と虚部（右図）が動径座標 r の関数として図示されている．実線はカイラルユニタリー模型による計算結果 [85, 88]．破線は現象論的に得られたポテンシャル [50] である．文献 [47] より．

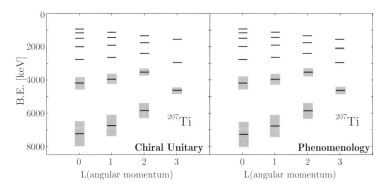

図 5.15 ^{207}Ti 原子核における K 中間子原子のエネルギー準位を，原子準位の主量子数 $n = 7$ に対応する状態まで図示してある．左図はカイラルユニタリー模型による光学ポテンシャル [85, 88] を用いた計算結果，右図は現象論的に得られたポテンシャル [50] による計算結果である．束縛エネルギーが 3 [MeV] よりも大きい深く束縛された状態に対して，灰色の帯で準位の幅を示してある．文献 [89] より．

に浅い状態しか観測されておらず，図 5.15 に示されているような軌道角運動量 L≤ 3 の準位に関する実験データは筆者の知る限り存在しない．つまり図 5.15 は，K 中間子–原子核間のポテンシャルの深さによらない理論的予言となっており，実験によって観測することが可能であれば，おそらくこのような状態の存在が確認されると思われる．もしも万が一，このような深く束縛された K 中間子原子の状態が存在しないことが実験的に確認されれば大きな謎となるだろう．一方，理論の予言どおりに，これらの K 中間子原子状態の存在が確認され

た場合には，これらの状態の観測量からどのような新しい物理的な知見が得られるかに関しては十分な議論が必要になる．

さて，上述のようなポテンシャルの強さに関する困難を克服し，K中間子束縛系の実験データを基にしてK中間子と原子核の相互作用を決定し，π中間子原子の場合のように，有限密度におけるK中間子や$\Lambda(1405)$共鳴の性質を決定するためには，大きく分けて2つの方針が考えられる．まず，異なるポテンシャルによるK中間子原子のエネルギー準位が似ていることは上に述べたとおりであるが，その差が完全に0というわけではない．したがって，2つのポテンシャルを区別することが可能なほどに精度の良い，K中間子原子のX線分光実験を行うことが考えられる[90]．もう1つの方針は，原子核内部にK中間子が存在するK中間子原子核の状態を直接観測することである．K中間子原子核状態の束縛エネルギーや幅の値を知ることができれば，K中間子–原子核相互作用を決定する大きな助けになる．ここでは，後者の方針に沿った研究活動を中心に紹介する．

中間子と原子核の束縛状態，特にX線分光法で到達できない深く束縛された状態を生成するために，ここでも4.4節で紹介したハドロン反応による欠損質量法を考える．K^-中間子を原子核中に束縛させるためにはストレンジネスを反応の過程で原子核中に持ち込む必要がある．このため，入射粒子としてK^-中間子そのものを利用した(K^-,N)反応が考えらえた．ここで，Nは核子であり陽子，中性子のいずれかである．この場合，反応の素過程はK中間子と核子の弾性散乱$K^- + N \to K^- + N$である．適切な入射エネルギーなどの条件を判断するために重要な運動量移行を図5.16に示した．K中間子原子核の状態が非常に大きな束縛エネルギーを持つ可能性があることを考慮して，様々なK中間子束縛エネルギーを仮定している．この図を見ると，無反跳の条件を満たすのは入射K^-中間子のエネルギーが非常に低く束縛エネルギーが小さい場合に限られており，K中間子原子核の状態を生成するためには大きな運動量移行が避けがたいことがわかる．運動量移行が大きい場合でも，4.4.3項で説明したマッチングコンディションの条件は存在するので，特定の角運動量移行の状態を比較的大きく生成できる可能性はあるが，運動量移行が大きい場合は全体的な断面積は小さくなる傾向がある．(K^-,N)反応の場合は素過程が弾性散乱であるために，入射粒子の運動エネルギーを利用してハドロン/原子核反応によって中間子を生成する過程よりも一般に素過程断面積は大きく，後で述べるように実際に実験することは可能であった．

5.2 K^- 中間子原子と K^- 中間子原子核

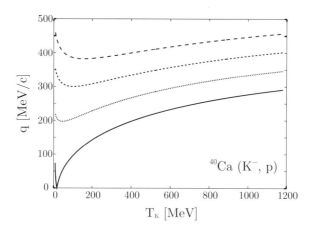

図 5.16 ^{40}Ca (K^-, p) 反応による K^- 中間子–^{39}K 原子核束縛状態生成における運動量移行の大きさを，入射 K 中間子の運動エネルギーの関数として図示してある．^{40}Ca 原子核からの陽子の分離エネルギーは 8.3 [MeV] とし，K 中間子–原子核の束縛エネルギーとして，0 [MeV]（実線），50 [MeV]（点線），100 [MeV]（破線），150 [MeV]（長破線）を仮定した場合の結果が示されている．

(K^-, N) 反応による K 中間子–原子核束縛状態生成スペクトラムを理論的に評価する際に，新たに問題となるのは，K 中間子原子核状態の持つ大きな幅である．複数の K 中間子原子核状態が核内に存在する系においては，それぞれの状態の幅は大きく重なり合って離散的な状態とはみなせない．また，束縛エネルギーが比較的小さい K 中間子**原子**状態の幅は狭く離散的であるが，K 中間子**原子核**状態が持つ巨大な幅により，K 中間子原子核状態生成による断面積の裾野が K 中間子原子のエネルギー領域にまで広がり，K 中間子原子生成過程との間で干渉を起こす．この干渉効果も理論的なスペクトラムには取り入れるべきである．これらの問題を解決するために，4.4.4 項で触れたグリーン関数法 [58] を適用することにする．

図 5.17 に (K^-, p) 反応による K^- 中間子–原子核系生成スペクトラムの計算例を示した．有効核子数法とグリーン関数法の計算結果を比較するために，この図では標的核中の陽子と K 中間子束縛状態の組み合わせの 1 部のみ計算に含まれていて，全スペクトラムの結果ではない．入射 K^- 中間子の運動エネルギーは $T_{K^-} = 600$ [MeV] であり，断面積は射出陽子の運動エネルギー T_p の関数である．有効核子数法による計算結果は破線で示されていて，標的 ^{12}C 中の陽子の状態としては $1p_{3/2}$，終状態の K 中間子の状態としては K 中間子原子核

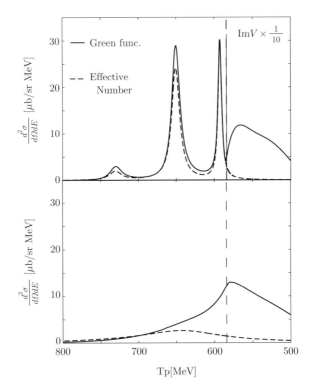

図 5.17 入射 K^- 中間子の運動エネルギー $T_{K^-} = 600\,[\mathrm{MeV}]$ における $^{12}\mathrm{C}(K^-,p)$ 反応による K^- 中間子原子核生成断面積を，前方 $0°$ における射出陽子の運動エネルギー T_p の関数として図示している．実線はグリーン関数法を使った計算結果で，標的核中の陽子の状態と生成された K 中間子の角運動量として $[(s)_K \otimes (1p_{3/2})_p^{-1}]$ と $[(p)_K \otimes [(1p_{3/2})_p^{-1}]$ の組み合わせの寄与の和を示している．破線は有効核子数法を用いた計算結果で，$[(1s_{\mathrm{nucl}})_K \otimes (1p_{3/2})_p^{-1}]$，$[(2p_{\mathrm{nucl}})_K \otimes (1p_{3/2})_p^{-1}]$，$[(2s_{\mathrm{nucl}})_K \otimes (1p_{3/2})_p^{-1}]$ の寄与の和である．K^- 中間子–原子核相互作用としては式 (5.18)，(5.19) の現象論的なポテンシャルに，K 中間子–核子系の位相空間体積によるエネルギー依存性をポテンシャル虚部に考慮したもの [91] を用いており，上図はこのポテンシャルの虚部を 10 分の 1 にした場合の結果，下図はポテンシャルをそのまま用いた結果である．垂直な点線は K^- 中間子生成しきい値である．文献 [91] より．

状態の $1s_{\mathrm{nucl}}$，$2p_{\mathrm{nucl}}$，$2s_{\mathrm{nucl}}$ を考えている．ここで下付き添え字 nucl は原子核内に束縛された中間子原子核状態を示している．上図と下図は，光学ポテンシャルの虚部の大きさを変えた場合に対応しており，下図は式 (5.18)，(5.19) の現象論的なポテンシャルの虚部にエネルギー依存性を加えたポテンシャルを用

いた結果である[10]．図 5.17 の下図ではポテンシャルの虚部が大きいために束縛状態の幅が大きく明確なピーク構造はスペクトラムに現れていない．上図は，ポテンシャル虚部の大きさによるスペクトラムの形の変化を見るために，ポテンシャルの虚部を $\frac{1}{10}$ にした場合の計算結果である．この場合は，K^- 中間子の束縛状態が十分離散的になり，破線で示された有効核子数法による計算結果には 3 つのピーク構造が明確に現れる．

対応するグリーン関数法による計算結果は図 5.17 に実線で示されている．グリーン関数法では K^- 中間子の束縛状態の存在を仮定せず，K^- 中間子の状態としては角運動量の値とエネルギーを指定するのみである．ここでは，K^- 中間子の角運動量として 0 と 1 を考えている．また，標的核中の陽子の状態としては有効核子数法による計算と同じ $1p_{3/2}$ を考える．つまりグリーン関数法では $[(s)_K \otimes (1p_{3/2})_p^{-1}]$ と $[(p)_K \otimes [(1p_{3/2})_p^{-1}]$ の寄与が計算されて足し上げられている．まず，ポテンシャルの虚部を小さくした上図から見てみると，グリーン関数法による計算結果と有効核子数法の結果が，束縛状態が生成されるエネルギー領域で大変よく一致していることがわかる．グリーン関数法の結果に現れる最も右側のコブ状の山は，しきい値より高いエネルギーでの準弾性 K^- 中間子生成過程によるもので束縛状態には対応しない．しかし，ポテンシャルの虚部が大きい下図を見てみると，有効核子数法による結果とグリーン関数法による結果が大きく異なっており，幅の広い状態の生成に関してはグリーン関数法を用いる必要があることがわかる．

さて，図 5.17 のスペクトラムをよく見てみると，π 中間子原子の場合に比べて非常に横軸の範囲が広いことがわかる．射出陽子のエネルギーとして実に 300 [MeV] の範囲をカバーしている．これは，K^- 中間子が核内に非常に強く束縛された K^- 中間子原子核の状態を考えているためである．この場合，束縛エネルギーが非常に大きくなる．では，主に電磁相互作用で束縛された K^- 中間子原子はスペクトラム上のどこに現れるのであろうか？ K^- 中間子原子の束縛エネルギーの大きさを考えれば，この図の中では垂直な点線で示されたしきい値の近くに固まって存在しているはずである．図 5.17 の有効核子数法による計算には K^- 中間子原子状態は含まれていないので，スペクトラムに現れなくて当然であるが，グリーン関数法による計算では図 5.17 のしきい値付近を詳細に

---

[10] ポテンシャルの虚部は吸収過程による中間子の減少を表すが，この虚部の大きさは K 中間子の持つエネルギーに依存する．その依存性を K 中間子が吸収された結果発生する終状態の粒子の位相空間の体積の大きさで大雑把に見積もることができる [91]．

見れば，原子の状態も計算結果に現れる．しきい値付近のスペクトラムを拡大して示したのが図 5.18 である．

図 5.18 には，K^- 中間子原子の 1s 状態と 2p 状態の生成断面積を，それぞれポテンシャルの虚部を変化させて計算した結果が示されている．この図で，まず注意しないといけないのは，横軸に示された射出陽子の運動エネルギー T_p の範囲である．図 5.17 と異なり非常に狭いエネルギーの領域を詳細に見ていることがわかるだろう．また，図 5.18 と図 5.17 を比較してみれば，K 中間子原子生成のピークは，K 中間子生成しきい値の極近傍に集中していることがよくわかる．図 5.18 で次に注意するべきことは，ポテンシャルの虚部を大きくしたときにスペクトラムに現れる奇妙な形の構造である．単純なピーク構造ではなく

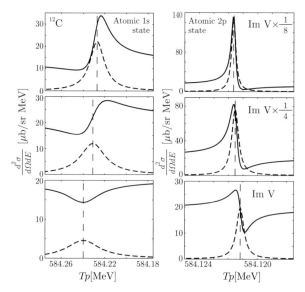

図 5.18　入射 K^- 中間子の運動エネルギー $T_{K^-} = 600$ [MeV] における $^{12}\text{C}(K^-, p)$ 反応による K^- 中間子原子生成断面積を，前方 $0°$ における射出陽子の運動エネルギー T_p の関数として図示している．カイラルユニタリー模型による K^- 中間子–原子核ポテンシャル [85] を用いており，実線はグリーン関数法による計算結果で $[(s)_K \otimes (1p_{3/2})_p^{-1}]$，$[(p)_K \otimes (1p_{3/2})_p^{-1}]$ の寄与の和である．破線は有効核子数法による計算結果で $[(1s_{\text{atom}})_K \otimes (1p_{3/2})_p^{-1}]$，$[(2p_{\text{atom}})_K \otimes (1p_{3/2})_p^{-1}]$ からの寄与の和である．左側と右側の図は K^- 中間子原子の 1s 状態と 2p 状態の生成に対応するエネルギー領域の図で，上段と中段の図はポテンシャルの虚部を図中に示されたように減少させた場合の結果である．カイラルユニタリー模型によるポテンシャルをそのまま用いた結果は下段に示されている．垂直な点線は K^- 中間子原子の 1s 状態（左図）および 2p 状態（右図）の束縛エネルギーの位置に対応している．文献 [91] より．

て，ゆがんだピーク，波打った形，へこんだ窪み，などが現れている．これらは，ポテンシャル虚部を大きくするに従って，核内の K 中間子原子核生成ピークの幅が大きくなり，その裾野が K 中間子原子のエネルギー領域に伸びてくることによって生じる．この裾野の成分と K 中間子原子生成過程の寄与が同じエネルギーの領域に混在するとき，2 つの寄与が量子力学的な干渉を起こして，このような奇妙な構造を生むのである．断面積の大きさはもちろんプラスであるが，K 中間子原子生成のシグナルが断面積のピークでなくて，裾野に対する窪みとなって現れることもあるのだ．これは，スペクトラムの形を解釈するうえで興味深い特徴だと言える．有効核子数法による計算では，独立した離散的な束縛状態の存在が仮定されているので，このような干渉効果は現れず，図 5.18 中に点線で示されたようなピーク構造が得られる．もちろん，どちらの計算でもエネルギー的には同じ場所にシグナルが現れるが，実験におけるシグナルの現れ方は有効核子数法の結果よりも複雑な形が予想される．

　K 中間子原子核の探索に関しては，文献 [92] でアイディアが提案され，後に実験が実行された．一時期，初期的なデータ解析の段階で，観測スペクトラム中にピーク構造が存在することが期待された時期もあったが，結局我々の理論計算に示されたように，明確なピーク構造は観測されなかった．図 5.19 に，筆

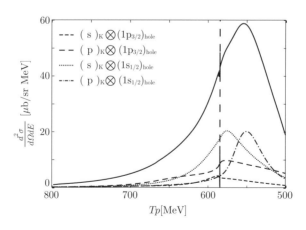

図 5.19 入射 K^- 中間子の運動エネルギー $T_{K^-} = 600\,[\text{MeV}]$ における $^{12}\text{C}(K^-, p)$ 反応による K^- 中間子原子核生成断面積を，前方 $0°$ における射出陽子の運動エネルギー T_p の関数として図示している．K^- 中間子–原子核相互作用としては式 (5.18)，(5.19) の現象論的なポテンシャルを用いている．各部分波からの寄与は図中に示されている．垂直な点線は K^- 中間子生成しきい値である．文献 [95] より．

者の共同研究グループによる理論計算結果の一例を示す．この図は，式 (5.18)，(5.19) の現象論的な K 中間子–原子核ポテンシャルを用いた計算結果で，実験で得られたスペクトラムと比較できるように計算されている．このポテンシャルの場合，実部の引力は十分に強く，核内に束縛された K 中間子原子核状態は存在するのであるが，各準位の幅が広いためスペクトラム上に明確なピーク構造は現れないことがわかる．また，文献 [57] にも理論的に得られたスペクトラムの結果が報告されている．実験グループによる最終的な報告は文献 [93] にあり，K 中間子–原子核光学ポテンシャルの強さについて，実験のスペクトラムと矛盾しない範囲が報告されている．より詳細な情報を得るために，同様の手法による実験的研究はさらに続けられている [94]．

同じ (K^-, p) 反応による，K 中間子原子状態の生成スペクトラムも理論的に評価されている．一例を図 5.20 に示した．3 種類の標的核に対する計算結果が

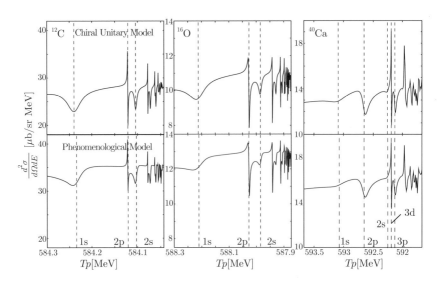

図 5.20　入射 K^- 中間子の運動エネルギー $T_{K^-} = 600\,[\mathrm{MeV}]$ における (K^-, p) 反応による K^- 中間子原子生成断面積を，前方 0° における射出陽子の運動エネルギー T_p の関数として図示している．標的核は，図中に示されているように $^{12}\mathrm{C}$ (左図)，$^{16}\mathrm{O}$ (中央図) $^{40}\mathrm{Ca}$ (右図) の場合である．上側はカイラルユニタリー模型による K 中間子–原子核ポテンシャル [85]，下側は現象論的なポテンシャル [50] を用いている．垂直な点線は K 中間子原子の束縛エネルギーに対応するエネルギーを示している．標的核中の陽子の準位としては，終状態の原子核が基底状態になる準位を考えており，それぞれ $^{12}\mathrm{C}\,(1p_{3/2})$，$^{16}\mathrm{O}\,(1p_{1/2})$，$^{40}\mathrm{Ca}\,(1d_{3/2})$ である．文献 [89] より．

示されているが，それぞれ干渉効果によって複雑な形のスペクトラムが現れている．図 5.19 に比べて，エネルギーの範囲が非常に狭い領域の断面積に複雑な構造が現れるので，実験的にこの様子を観測するためには，非常に高精度のエネルギー分解能が必要とされる．そのため，現在のところこの理論計算に対応する実験結果は存在しない．本節のはじめに説明したように，大きく異なる 2 種類のポテンシャルを使ったスペクトラムの計算結果は，原子の状態に対しては大きな差はなく，判別するのはかなり困難であることがわかるであろう．

さて，K 中間子原子核の探索に，^{12}C 程度の大きさの原子核を用いたとしても，束縛状態の幅が大きすぎるために分離したピーク構造が観測されないことが理解されてから，より小さい系を対象にした研究が支配的になっていった．原子核半径程度の広がりを持つ強い相互作用によるポテンシャルの井戸に対しては，クーロンポテンシャルの場合などとは異なり，束縛状態の数は有限個である．半径の小さい原子核を用いれば，束縛状態が 1 個しか存在しない場合も期待できる．この場合は，原子核内部の束縛状態生成によるスペクトラム上のピークも 1 つだけなので「複数のピーク重なり」などを気にする必要がないわけだ．このような少数系の研究は文献 [96,97] などの研究から盛んになり，^{3}He 核などを標的とした反応により，K^- 中間子と 2 個の陽子の束縛系である Kpp 状態を生成する試みが行われている [57,98]．また，この系は 3 体系であるので，いわゆる少数系の精密計算が可能であり，理論的にも実験的にも注目を集めているのが現状である．

筆者らの共同研究グループによる K^-pp 束縛系生成スペクトラムの計算結果を，最後に図 5.21 に示しておこう [98]．この理論計算では，K 中間子と陽子の間に，カイラルユニタリー模型に基づく相互作用を用いている．カイラルユニタリー模型では中間子–バリオンのチャンネル結合を取り入れた定式化を行っているので，K^- 中間子が陽子と相互作用して別のチャンネルに遷移する過程で，終状態に生成/射出される中間子–バリオンの組み合わせごとの寄与を分離して計算することができる．つまり ^{3}He(K^-,n) 反応を用いた欠損質量法に加えて，生成された K^- 中間子束縛系が崩壊した結果射出される粒子も用いて理論と実験を比較し議論することが可能になる．図 5.21 を見ると，各中間子–バリオンチャンネルごとに大きく異なったスペクトラムの形が得られており，これらと比較できる結果が実験的に得られれば大変興味深い．

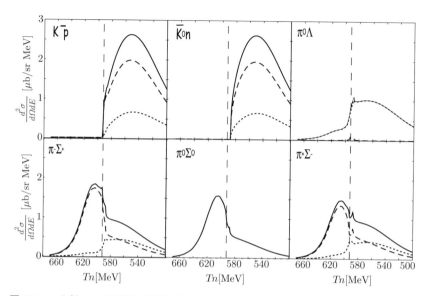

図 5.21 入射 K^- 中間子の運動エネルギー $T_{K^-} = 600\,[\text{MeV}]$ における $^3\text{He}(K^-, n)$ 反応による K^-pp 束縛系生成断面積を，崩壊チャンネル別に前方 0° における射出中性子の運動エネルギー T_n の関数として図示している．カイラルユニタリー模型による相互作用を用いている．崩壊過程 $K^-N \to MB$ で射出される中間子 (M)–バリオン (B) チャンネルは図中に示されている．実線は各チャンネルの全断面積で，破線 ($I = 0$) と点線 ($I = 1$) は K^- 中間子–核子系のアイソスピン I の値ごとに断面積への寄与を分離して図示したものである．文献 [98] より．

5.3　η 中間子原子核と $N(1535)$ 共鳴 —核子のパートナー？—

η 中間子は電荷を持たない中間子であり，強い相互作用によって原子核内に束縛される中間子原子核の状態が存在する可能性がある．η 中間子原子核の研究は，1980 年代にすでにハイダー (Haider)，リュウ (Liu) らによって始められており [99]，チャン (Chiang)，オセット (Oset)，リュウらの研究に [100] につながっていった．

η 中間子–原子核束縛系の特に興味深い点は，5.2 節の K 中間子の場合と同様に，バリオン共鳴に強く結合することである．ηN のチャンネルは $N(1535)$ バリオン共鳴と非常に強く結合しており，η 中間子原子核は，有限密度における $N(1535)$ バリオン共鳴の振る舞いを研究するための系となりうる [101]．理論的

な取り扱いでも K 中間子同様, 中間子-バリオンのチャンネル結合を取り入れたカイラルユニタリー模型に基づいて, 有限密度中での η 中間子の自己エネルギー, すなわち η 中間子-原子核光学ポテンシャルが計算されている [102, 103]. カイラルユニタリー模型では $N(1535)$ バリオン共鳴は, 多くのチャンネルが結合した散乱状態から動力学的に生成されたものとして理解される[11].

実は $N(1535)$ 共鳴については, 以下に説明するように「核子のカイラルパートナー」という別の見方をすることも可能であり, それが η 中間子束縛系をさらに興味深いものとしている. QCD の持つカイラル対称性が保持されていれば, 正パリティを持つハドロンと負パリティを持つハドロンが対になって現れ, それらの質量が同じになる (縮退する) ことが知られている. この対になった一組のハドロンをカイラルパートナーと呼ぶ (3.2 節参照) のであるが, 真空中で観測されたハドロンの質量は縮退していない. これは, カイラル対称性の破れによるものだと考えられている. すなわち, カイラル対称性が回復した場合には核子と対になるはずのハドロンが, 対称性が破れた真空中では異なる質量を持ってパートナーであるとは気づかれずに存在していると考えられる. ηN のチャンネルと強く結合する $N(1535)$ 共鳴は, ストレンジネスを含まないバリオン中で, 核子と逆の負パリティを持つ核子に最も近い質量のバリオンである. そのため $N(1535)$ バリオン共鳴は核子のカイラルパートナーの有力候補なのである. この考え方が正しい場合, $N(1535)$ バリオン共鳴は核子と同格のバリオンであり, 中間子-バリオンのチャンネル結合を取り入れた散乱から動的に生じる共鳴とは, 異なった構造を持っているだろう. また, カイラル対称性の回復に伴って核子との質量差が減少するはずである. したがって, η 中間子束縛系の研究から, 有限密度における $N(1535)$ バリオン共鳴の性質を知ることができれば, $N(1535)$ が核子のカイラルパートナーであるかどうかなど, バリオンに対するカイラル対称性の様相に関して新しい知見を得られそうである.

さて, ηN のチャンネルが $N(1535)$ バリオン共鳴と非常に強く結合するという実験事実を基に, η 中間子-原子核間の光学ポテンシャル V_η を最低次の自己エネルギーダイアグラム (図 5.22) の計算から求めると,

$$V_\eta = \frac{g_\eta^2}{2\mu} \frac{\rho(r)}{\omega + m_N(\rho) - m_{N(1535)}(\rho) + i\Gamma_{N(1535)}(s;\rho)/2} \tag{5.20}$$

---

[11] ただし, 真空中で観測された $N(1535)$ 共鳴の性質を再現するためには, 模型に含まれるパラメータをやや不自然な値にする必要が生じるため, カイラルユニタリー模型の $N(1535)$ 共鳴に対する記述に関しては種々議論がある [104].

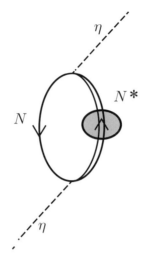

図 5.22 有限核密度中での 1 ループ近似による η 中間子の自己エネルギーダイアグラム．図中の N^* は，中間状態に $N(1535)$ 共鳴が伝播していることを表している [105]．

となる [100]．ここで，ω は η 中間子のエネルギーを表していて，μ は η 中間子と原子核の換算質量，$\rho(r)$ は原子核の密度分布である．s は，式 (4.97) で定義されたマンデルスタムの s 変数であり，η 中間子と核子 N のエネルギーと運動量をそれぞれ加えたもの（すなわち $N(1535)$ 共鳴の持つエネルギーと運動量）を用いて計算される．ここで，η 中間子と核子が $N(1535)$ バリオン共鳴と結合する相互作用は以下の式で表され，ファインマン図においては $\eta NN(1535)$ の頂点に対応する．

$$L_{\eta NN^*}(x) = g_\eta \bar{N}(x)\eta(x)N^*(x) + \text{h.c.} \tag{5.21}$$

ここで，$N^*(x)$ は $N(1535)$ バリオン共鳴の場を表し，結合定数の g_η は，$N(1535)$ の真空中における崩壊幅の大きさ $\Gamma_{N(1535)\to \eta N} \simeq 75\,[\text{MeV}]$ [6] を枝線図形で再現するように定めると $g_\eta \simeq 2.0$ となる．

式 (5.20) の右辺の分母に有限密度 ρ における核子の質量 $m_N(\rho)$ と $N(1535)$ 共鳴の質量 $m_{N(1535)}(\rho)$，η 中間子のエネルギー ω が現れることに注意しよう．原子核中に束縛された η 中間子のエネルギーを，ほぼ静止質量であると考え $\omega \to m_\eta$ と置き換えると，式 (5.20) の分母の実部は $m_\eta + m_N(\rho) - m_{N(1535)}(\rho)$ となる．真空中での質量を用いればこの値は約 $-50\,[\text{MeV}]$ 程度であって，これ

5.3 η 中間子原子核と $N(1535)$ 共鳴 —核子のパートナー？—

はハドロン物理学のエネルギースケールから言うと大きな値ではない。上で述べた「$N(1535)$ 共鳴が核子のカイラルパートナーである」という考え方に立てば $N(1535)$ 共鳴と核子の質量差はカイラル対称性が回復するに従って減少するはずである。すなわち，核密度の増加とともにカイラル対称性が回復していくと，ある特定の核密度 ρ_c において $\omega + m_N(\rho) - m_{N(1535)}(\rho)$ の符号が負から正に変化し，$\rho > \rho_c$ の領域では η 中間子–原子核間の相互作用は斥力になると予想される。

理論的に得られた η 中間子–原子核間ポテンシャルは図 5.23 のようになる。図 5.23 には，カイラル 2 重項模型の 2 つの計算結果とカイラルユニタリー模型での計算結果が示されている。$N(1535)$ 共鳴が核子のカイラルパートナーであるという考え方を基本にしたカイラル 2 重項模型 [106–108] を用いて，核子と $N(1535)$ 共鳴の質量差の密度依存性を評価した場合の計算結果は，模型に含まれるパラメータ C の値で分類されている。このうち，$C = 0.0$ の場合は有限密度においてカイラル対称性の破れが真空中から変化せず回復しない場合に対応している。そのために，$N(1535)$ 共鳴と核子の質量差は変化せず，ポテンシャルは引力で原子核密度分布 $\rho(r)$ に比例した形をしている。しかし，パラメータ $C = 0.2$ に対応する計算結果は，標準核密度においてカイラル対称性が 20%回復する場合に対応していて，$N(1535)$ 共鳴と核子の質量差の減少によるポテンシャルの実部の符号の変化が現れている。密度の小さい核表面付近ではポテン

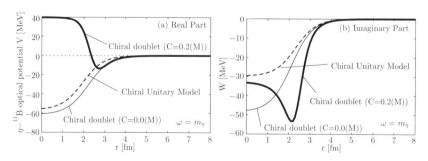

図 **5.23** η 中間子–^{11}B 核間のポテンシャルの（左図）実部と（右図）虚部が，動径座標 r の関数として描かれている。カイラル 2 重項模型によるポテンシャルが実線で，カイラルユニタリー模型 [102, 103] によるポテンシャルが破線で示されている。C はカイラル 2 重項模型に含まれるパラメータで，太い実線は $C = 0.2$ の場合で標準核密度においてカイラル対称性が 20%回復した場合，細い実線は $C = 0.0$ の場合でカイラル対称性がまったく回復しない場合の計算結果である。図は文献 [109] より。

シャルは引力であるが，密度の大きい原子核中心付近では斥力である．また，ポテンシャルの虚部もこれに対応して実部の符号が変化する位置で，$\rho(r)$ の形から大きく外れた振る舞いをしている．

一方，カイラルユニタリー模型によるポテンシャルは，カイラル 2 重項模型の $C = 0.0$ の場合の結果に近く，実部も虚部もおおむね原子核密度分布 $\rho(r)$ に比例した形をしている．これは，ηN 系とチャンネル結合して中間状態に現れる中間子–バリオン系の寄与が，有限密度中でも大きく変化をしないことを意味している．この 2 つの模型を用いて計算された η 中間子–原子核ポテンシャル間に現れる大きな差は，$N(1535)$ 共鳴の正体をどのように考えるかによって生じていると言ってもよいだろう．η 中間子原子核の研究で，これらのポテンシャルの差によって生じる観測量の違いを実験的に検証し，どちらのカイラル模型によるポテンシャルが正しく，どちらの $N(1535)$ 描像が正しいかを判別できれば大変面白い．

η 中間子原子核の生成，観測に関しては，今まで多くの試みがなされてきた．例えば，1980 年代のハイダー–リュウによる理論的研究 [99] の後で，(π^+,p) 反応を用いた束縛状態の探索が行われたが，発見には至らなかった [110]．ここでは，この実験結果を再検討することから生成スペクトラムに関する議論を始めてみよう．文献 [110] で報告された実験は，原子核を標的とした (π^+,p) 反応による欠損質量法を用いた方法であり，当時の理論予想では，有限の角度（実験室系で $\theta_p = 15°$）に陽子が射出される場合が最適と考えられていた．実験もこの条件で実行され，結果的にスペクトラムのピーク構造が観測されなかったために，η 中間子原子核の存在に関して明確な結論を得るには至らなかったようである．

この (π^+,p) 反応を用いた η 中間子–原子核系生成の断面積は，4.4.3, 4.4.4 項で説明した π 中間子原子生成の際に有用性を証明された有効核子数法やグリーン関数法で理論的に評価することができる．η 中間子原子核の場合も，5.2 節で紹介した K^- 中間子–原子核系と同様に原子核による吸収効果のために各準位の幅が大きいので，生成断面積をグリーン関数法を用いて評価することにしよう．我々の理論的な結果を文献 [110] のデータと比較した結果が，図 5.24 に示されている．理論的なスペクトラムはカイラル 2 重項模型による η 中間子–原子核相互作用とカイラルユニタリー模型による相互作用を用いた場合の両方が図示されている．2 種類の理論計算によるスペクトラムの形は異なるが，実験の誤差を考慮すると，どちらの相互作用が実験結果から支持されるかは明確で

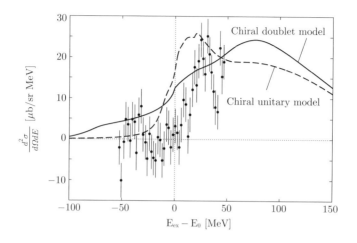

図 5.24　入射 π 中間子の運動エネルギー T_π=673 [MeV]（運動量 p_π=800 [MeV/c] に対応する）における，^{12}C(π^+,p) 反応による η 中間子–^{11}C 原子核束縛状態生成断面積が，終状態の中間子–原子核束縛系の励起エネルギー E_{ex} の関数として図示されている．陽子の射出角度は $\theta_p = 15°$ である．E_0 は η 中間子生成しきい値を表している．実線はカイラル 2 重項模型 ($C = 0.2$) による計算結果であり，破線はカイラルユニタリー模型による計算結果である．実験データは文献 [110] で報告されたものであり，同文献でバックグラウンドとされていた寄与を差し引き，さらに 1 つのデータ点に関して「典型的な誤差」として示されていた誤差の大きさをすべてのデータ点に対して仮定している．文献 [111] より．

ない．さらに実験データには有意なピーク構造も明確には見て取れないことも注意しよう．つまり，スペクトラムにピーク構造が現れないために束縛状態の存在を明確に主張するのは難しいことに加えて，このデータからでは，2 つのカイラル模型を区別して $N(1535)$ の描像に関して判断するための情報を引き出すことも，なかなか難しいことがわかる [111]．

さて，当時の状況に比べて，我々には π 中間子原子生成反応を正しく理論的に評価して，その存在の実証に導いた経験というアドバンテージがある．これを利用して，η 中間子や $N(1535)$ 共鳴に関してより明確な情報を引き出せるハドロン反応の条件を考えてみよう．まず，深く束縛された π 中間子原子の生成を成功させるために重要であった物理量，中間子束縛系生成反応の運動量移行，を計算してみると，図 5.25 のようになる．当然のことであるが，有限角度 $\theta_p = 15°$ での (π^+, p) 反応では，無反跳条件を満たすことはできず，前方 $\theta_p = 0°$ に陽子が射出する場合に比べて運動量移行が常に大きい．さらに炭素を標的とした場

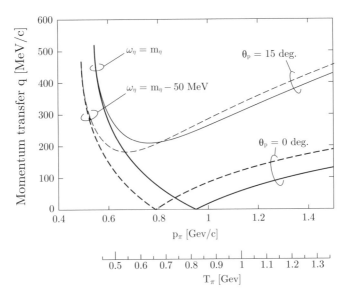

図 5.25 (π^+, p) 反応による η 中間子–原子核束縛状態生成反応の運動量移行が，入射 π 中間子の運動量 p_π の関数として図示されている．対応する運動エネルギー T_π の値も図中に示されている．反応のエネルギー移行 ω_η としては，$\omega_\eta = m_\eta$ と $m_\eta - 50\,[\text{MeV}]$ の 2 つの場合を考えており，θ_p は実験室系における陽子の射出角度である．図は文献 [111] より．

合，標的核中の核子の持つ全角運動量は $j = \frac{1}{2}, \frac{3}{2}$ と小さく，また，終状態で束縛されている η 中間子の角運動量も $\ell = 0, 1$ 程度である．すなわち，大きな運動量移行に対しては，4.4.3 項で説明したマッチングコンディションを満足する角運動量移行を実現することは不可能であって，大きな断面積を得ることはできない．したがって「マッチングコンディション」および「運動量移行が小さいほうが大きい断面積が得られる傾向がある」という両方の観点から，陽子が前方に射出される反応のほうが大きなシグナルを得るためには望ましい．再度，図 5.25 を見てみると，陽子が前方 $\theta_p = 0°$ に射出される場合に，例えば束縛エネルギーが $50\,[\text{MeV}]$ の場合を想定して，反応のエネルギー移行 ω_η を $\omega_\eta = m_\eta - 50\,[\text{MeV}]$ とすると，入射 π 中間子の運動量 $p_\pi \sim 0.8\,[\text{MeV/c}]$ （運動エネルギー $T_\pi \sim 0.65\,[\text{MeV}]$）あたりで，無反跳反応が達成されることがわかる．このときに生成断面積は大きくなると期待できる．

無反跳に近い条件で理論的に計算された，$^{12}\text{C}(\pi^+, p)$ 反応による η 中間子–原子核系の生成断面積を図 5.26 に示した．入射運動エネルギーは $T_\pi = 650\,[\text{MeV}]$

5.3 η中間子原子核と $N(1535)$ 共鳴 —核子のパートナー？—   149

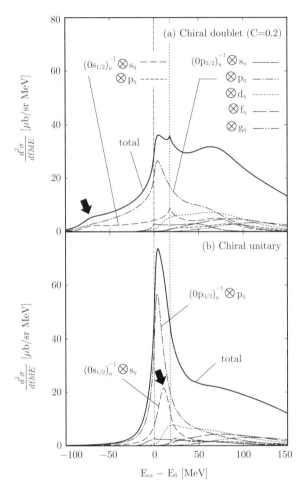

図 5.26 入射 π 中間子の運動エネルギー $T_\pi=650$ [MeV] における, $^{12}\text{C}(\pi^+,p)$ 反応による η 中間子–^{11}C 原子核束縛状態生成断面積の計算結果が, 終状態の中間子–原子核束縛系の励起エネルギー E_{ex} の関数として図示されている. 陽子の射出角度は $\theta_p=0°$ であり, E_0 は η 中間子生成しきい値を表している. 上図はカイラル 2 重項模型 ($C=0.2$) による計算結果であり, 下図はカイラルユニタリー模型による計算結果である. 太い実線は標的核中のすべての中性子の状態とすべての η 中間子の状態からの寄与を含んだ計算結果である. 中性子と η 中間子の状態の主要な組み合わせからの寄与が破線で示されている. 対応する中性子の状態は $(n\ell_j)_n^{-1}$ で, η 中間子の状態は ℓ_η で図中に示されている. 太い矢印は η 中間子–原子核束縛状態生成によるピークの位置を表している. 図は文献 [111] より.

であり，陽子は前方 ($\theta_p = 0°$) に射出されている．上で述べたように，図の横軸 $E_{ex} - E_0 = -50$ [MeV] 近傍が無反跳条件を満たしている．この図を見ると，図 5.24 に示された 2 つの理論計算結果に比べて，断面積の大きさは期待どおりに大きくなり，2 つの理論模型による断面積の形の差異も顕著になっていることがわかる．この条件で実験を実行することが現実に可能であれば，カイラル 2 重項模型とカイラルユニタリー模型による η 中間子–原子核間の相互作用の違いに起因するスペクトラムの差異や，$N(1535)$ 共鳴の「素性」についてより明確な情報が得られると期待できる．

ところで，欠損質量法による中間子–原子核束縛状態観測の利点の 1 つは，4.4.2 項で説明したように，2 体から 2 体への反応におけるエネルギー運動量保存則からスペクトラムのピークの位置と束縛エネルギーが不定性なく関係することであった．しかし，η 中間子–原子核系の場合も K^- 中間子の系と同様に，強い相互作用による吸収効果が強く束縛準位の幅が広いために，束縛状態に対応するピークがはっきりとは観測されていない．図 5.26 中に示された，太い矢印は，η 中間子–原子核束縛状態生成によるピークを指し示しているが，この構造はすべての部分波の寄与を足し上げた太い実線には，明確には現れてこない．スペクトラム上に現れる構造は，複数の寄与が合計された結果として現れる複雑な起源のものであって，直接束縛エネルギーと対応付けることは難しい．このような場合には，ある程度のエネルギー間隔にわたりスペクトラムの形状を決定することにより，中間子–原子核間の相互作用の情報を得ることも必要になる．この場合は，η 中間子–原子核の相互作用自身のエネルギー依存性も重要であり十分考慮する必要がある．図 5.27 にカイラル 2 重項模型とカイラルユニタリー模型による η 中間子–原子核ポテンシャルが，エネルギーとともにどのように変化するか図示してある．エネルギーが $\omega - m_\eta = 0$ [MeV] の場合が，図 5.23 に示したポテンシャルに対応している．図 5.27 を見ると，η 中間子のエネルギー ω の値に応じて，どちらのカイラル模型のポテンシャルも，ともに複雑な変化をしていることがわかる．

現在のところ，図 5.26 で示したような，π 中間子入射による反応で η 中間子束縛系を生成する可能性は J-PARC を中心に議論されている [111]．将来，カイラル 2 重項模型とカイラルユニタリー模型による理論予言を実験的に検証し，$N(1535)$ バリオン共鳴の素性や核子のカイラルパートナーの存在，ひいてはバリオンに関するカイラル対称性の様相についての確かな情報が得られることを期待したい [109]．また，ここでは触れていないが，原子核中に「η 中間子」が

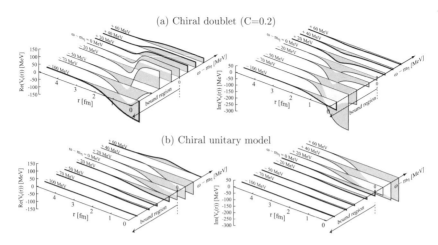

図 5.27 η 中間子–原子核間の光学ポテンシャルの実部と虚部が動径座標 r の関数として, η 中間子のエネルギー $\omega - m_\eta = -100, -70, -50, -20, 0, +20, +40, +60$ [MeV] の場合に図示されている. 上図がカイラル 2 重項模型 ($C = 0.2$) による計算結果, 下図がカイラルユニタリー模型による計算結果である. また, 左図がポテンシャルの実部, 右図がポテンシャルの虚部である. 文献 [111] より.

存在する状態と「$N(1535)$ 共鳴と核子空孔」が存在する状態の準位交差に関する議論 [105] や, γ 線を利用した η 中間子や $N(1535)$ 共鳴の研究 [112, 113] も大変興味深い.

5.4 $\eta(958)$ 中間子原子核と $\eta(958)$ 中間子の質量変化

$\eta(958)$ 中間子–原子核束縛系に関する議論も大変に興味深いものである. まず, 表 3.1 を見るとわかるように, $\eta(958)$ 中間子は, 量子数 $J^P = 0^-$ を持つ他の擬スカラー中間子の中では飛び抜けて重い. この点に関しては, $\eta(958)$ 中間子の質量と対称性の破れとの関係が他の中間子の場合とは異なっているために, $\eta(958)$ 中間子は真空中で非常に大きな質量を持っていると考えられている. 具体的には, 「$U_A(1)$ 量子異常」と呼ばれる効果が非常に重要な働きをしていると信じられている [114–116]. 擬スカラー中間子の質量分布と対称性の様相の関係を示した概念図 1.2 にも, $U_A(1)$ 量子異常と $\eta(958)$ 中間子の質量の関係が模式的に示されている. 量子異常に関してはここでは説明しないが, 一般的に, 古典的には成り立つ対称性が, 量子場の理論では量子論的効果によって破れる現

象を指す．例えば，質量 0 のフェルミオン場はカイラル対称性を持っているが，カイラル対称性から期待される軸性ベクトル流の保存則が古典論でのみ成り立ち，量子論では成り立たないことが知られている．このような量子異常の効果が $\eta(958)$ 中間子の質量生成に大きく関わっていることにより，$\eta(958)$ 中間子–原子核束縛系からは，強い相互作用の対称性に関して他の中間子とは異なった情報が得られる可能性があると考えられる．

強い相互作用の対称性の破れと $\eta(958)$ 中間子の質量生成との詳細な関係については，種々議論があるが，最近，文献 [117] において，$U_A(1)$ 量子異常の効果が $\eta(958)$ 中間子の質量生成に寄与するためには，カイラル対称性の破れが必要であるとの報告がなされた．一方，原子核中ではカイラル対称性が部分的に回復していることが 5.1 節の π 中間子原子の研究などから知られている．これより，原子核中ではクォーク凝縮の大きさが真空中よりも 0 に近づくことにより，$U_A(1)$ 量子異常の「効果」が小さくなって $\eta(958)$ 中間子の質量が小さくなると予想される．この議論は，特定の理論模型による予想という段階を超えて，より一般的な観点から有限密度において $\eta(958)$ 中間子の質量が下がると結論できる点が非常に興味深い [117]．この $\eta(958)$ 中間子の質量獲得のメカニズムを模式的に表したものが図 5.28 である．カイラル対称性が自発的に破れた場

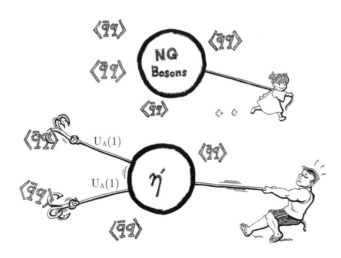

図 **5.28** カイラル対称性の自発的破れと $U_A(1)$ 量子異常の効果による，$\eta(958)$（図中では η' と表記されている）中間子の質量獲得メカニズムの概念図．クォーク凝縮を引っ掛けている錨が $U_A(1)$ 量子異常の効果を表している．図案は文献 [5] より（口絵 5 参照）．作画は比連崎良美氏による．

合,クォーク凝縮 $\langle \bar{q}q \rangle$ が真空中で有限な値を持つ.クォークの質量が 0 の場合を考えると,南部-ゴールドストーンボソンは質量 0 の粒子として現れる.しかし,$\eta(958)$ 中間子は,量子異常の効果によってクォーク凝縮の影響を受けて大きな質量を獲得する.このメカニズムは,図中では錨がクォーク凝縮を引っ掛ける様子として表されている.有限密度中では,クォーク凝縮の減少により「引っ掛かり」が少なくなって $\eta(958)$ 中間子の質量が下がると期待されるわけだ.注意しないといけないのは,この描像においては,真空中でも有限密度中でも「錨」の部分は変化しないと考えていることである.つまり,量子異常の存在自体に変化はなくても,真空構造の変化によって $\eta(958)$ 中間子の質量生成に対する寄与が変化するという議論である.

このような $\eta(958)$ 中間子の有限密度での質量減少の兆候は,理論模型による計算でも確認されている.例えば南部-ヨナラシニオ模型による計算結果を図 5.29 に示した [3, 118, 119].この図によると,標準核密度における $\eta(958)$ 中間

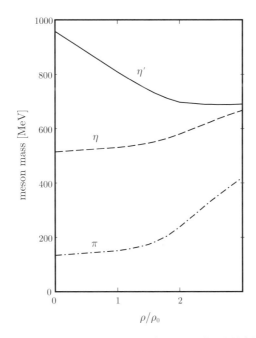

図 5.29 南部-ヨナラシニオ模型による中間子質量の原子核密度依存性.横軸は密度が標準核密度 $\rho_0 = 0.17\,\mathrm{fm}^{-3}$ に対する比で表されている.$\rho = \rho_0$ で $\eta(958)$ の質量が 150 [MeV] 程度減少しているのがわかる.文献 [119] より.

子の質量は真空中よりおおよそ 150 [MeV] 減少している．この質量減少の大きさを $\eta(958)$ 中間子–原子核間の引力相互作用の強さと読み替えれば，束縛状態を形成するには十分な強さであると言える．また，図 5.29 は π 中間子と η 中間子に対する計算結果も同時に示されている．π 中間子に関する結果は，5.1 節で議論されたものと矛盾はなくて，密度とともに微かに増加している．ところが η 中間子質量の振る舞いは，5.3 節で議論した 2 つの理論的カイラル模型のどちらの振る舞いとも異なるようである．これは，ここで示された南部–ヨナラシニオ模型の計算には，η 中間子–核子系と強く結合する $N(1535)$ バリオン共鳴の効果が含まれていないことが理由であると考えられる．

さて，ここまでの説明では，$\eta(958)$ 中間子–原子核系の議論は矛盾なく収束しているように感じられるかもしれないが，実は，それほど簡単な状況になっているわけではない．現状では，$\eta(958)$ 中間子–原子核相互作用の強さに関して様々な研究結果が報告されていて定量的な結論はまったく定まっていない．$\eta(958)$ 中間子–原子核相互作用の実部の強さは，$\eta(958)$ 中間子の有限密度での質量変化の大きさと対応するのであるから，質量変化の大きさがわからない状況にあると言ってもいいだろう．まず，$\eta(958)$ 中間子–原子核束縛状態の存在と生成法が初めて議論された文献 [119, 120] においては，上で述べたように南部–ヨナラシニオ模型を用いて，$\eta(958)$ 中間子–原子核相互作用の強さとして 150 [MeV] 程度の引力を考えていた．文献 [117] においても同様な強さの相互作用が考えられたが，線形シグマ模型を基礎にした理論研究ではやや弱い $\eta(958)$ 中間子–原子核相互作用の強さが結論されている [121]．一方，カイラルユニタリー模型を基礎にした研究では，他の中間子の場合には存在しない特別な $\eta(958)$ 中間子–核子相互作用の強さによって $\eta(958)$ 中間子–原子核間ポテンシャルが大きな影響を受けることが示された [122]．この相互作用は他の中間子に関する観測量にはとんど影響を与えないため，現時点でその強さがほとんど知られていない．また，現在までの実験結果はこれらの理論計算よりも弱い $\eta(958)$ の相互作用を示す傾向があるようである [123, 124]．理論計算の中にも比較的弱い $\eta(958)$ 中間子–原子核相互作用を結論するものもある [125]．

このように，有限密度における $\eta(958)$ 中間子の性質は，強い相互作用の $U_A(1)$ 量子異常の効果に関係しているので大変興味深いが，未確定の部分が多くさらに研究を進めることが不可欠であると考えられる．$\eta(958)$ 中間子の性質をより明確に知るために，ここでは，$\eta(958)$ 中間子–原子核束縛状態を通じた，有限密度における $\eta(958)$ 中間子の研究に関して紹介しよう．

まず，$\eta(958)$ 中間子–原子核束縛状態は，中間子が原子核の内側に存在する中間子原子核であり，そのエネルギー準位は 4.2.4 項の図 4.6 に示されたようになる．ある程度の強さの引力ポテンシャルが存在すれば，他の中間子同様，束縛状態が存在することが期待される．$\eta(958)$ 中間子の束縛状態の場合に特徴的なのが，ポテンシャルの虚部が実部に対して顕著に小さくなる可能性が指摘されていることである [117]．もしも本当にポテンシャルの虚部が小さければ各束縛準位の幅が小さくなり，離散的な準位構造が明確に分離したピーク構造として欠損質量法により観測できる可能性がある．これは中間子原子核状態の研究のためには非常に好ましい性質である．このようなことが期待できるのは，$\eta(958)$ 中間子の大きな質量生成の原因が $U_A(1)$ 量子異常の効果であり，その効果がほとんど $\eta(958)$ 中間子の系に限定した形で働くと考えられるためである．つまり，他の中間子とチャンネル結合しないハドロン間相互作用として $U_A(1)$ 量子異常の効果が顕在化して，$\eta(958)$ 中間子とバリオンとの相互作用全体の中で，チャンネル結合を起こすタイプの他の相互作用の役割を比較的小さくする可能性がある．この結果，$\eta(958)$ 中間子と原子核との相互作用において，ポテンシャルの虚部が表す $\eta(958)$ 中間子が消滅して他の中間子に化ける過程よりも，ポテンシャルの実部が表す質量減少の効果が顕著になるという筋書きである．つまり，$\eta(958)$ 中間子が原子核と相互作用すると，強い引力を感じる一方で原子核に吸収されて消滅する現象はあまり起こらないことになるわけだ．また，この効果が文献 [122] における $\eta(958)$ 中間子に特徴的なハドロンレベルの相互作用として表現されている可能性もある．

$\eta(958)$ 中間子–原子核束縛状態の生成スペクトラムは，文献 [120] で初めて理論的に予言された．このときには光子を用いた (γ, p) 反応による生成が考えられた．マッチングコンディションの議論に重要な，$\eta(958)$ 中間子生成の運動量移行は，入射粒子のエネルギーの関数として，図 5.30 に与えられている．この図を見ると，(γ, p) 反応の場合でも，π 中間子原子生成で有効であった $(d, {}^3\mathrm{He})$ 反応の場合であっても，非常に大きな束縛エネルギーを仮定しないと，無反跳で $\eta(958)$ 中間子束縛系を生成できないことがわかる．これは，$\eta(958)$ 中間子の質量が核子よりも，わずかではあるが重いためであって，1 核子移行反応の限界である [12]．

---

[12] この点を改善するために，文献 [46, 126] で，核子よりも重い中間子と原子核の系を生成するために 2 核子移行反応を用いることが理論的に検討されているが，実現には至っていない．

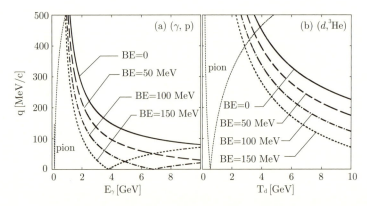

図 5.30 (a) (γ, p) 反応と (b) $(d,{}^3\text{He})$ 反応による $\eta(958)$ 中間子–原子核系生成過程の運動量移行が入射エネルギーの関数として示されている．それぞれの線は図中に示されたように，異なる束縛エネルギー (BE) の状態を生成する場合に対応している．比較のために π 中間子原子生成の場合の運動量移行も図示してある．文献 [120] より．

文献 [120] で報告された，理論的な (γ, p) 反応による $\eta(958)$ 中間子原子核の生成スペクトラムの一例が図 5.31 に示されている．上下の図で，ポテンシャルの虚部の大きさは共通であって，弱い（標準核密度において $-5\,[\text{MeV}]$）吸収ポテンシャルが仮定されている．引力を表すポテンシャルの実部の強さは上下の図で異なっており，上の図は引力がない場合，下の図は強い引力（標準核密度において $-100\,[\text{MeV}]$）がある場合である．この 2 つのスペクトラムの差が実験的に得られることが重要である．引力が強い下図の場合には，励起エネルギーの低いほうにも $\eta(958)$ 中間子原子核生成によるスペクトラムが存在し，幅の狭い束縛状態の生成に対応するピーク構造が明確に見えている．また，上で述べたようにこの反応は有限の運動量移行を持っており，複数の $\eta(958)$ 中間子と核子の角運動量の組み合わせが，似たような大きさでスペクトラムに寄与していることもわかる．もしも，この理論スペクトラムを手掛かりに実験が実施されて，観測されたスペクトラムに図 5.31 の下図のようなピーク構造が現れれば，幅の狭い $\eta(958)$ 中間子束縛状態の存在，$\eta(958)$ 中間子–原子核間の強い引力相互作用の存在，$\eta(958)$ 中間子の有限密度における大きな質量減少，などを実証できたと言ってもよいほどに有力な情報になる．残念ながら (γ, p) 反応を用いて $\eta(958)$ 中間子原子核の生成を試みた実験結果に関してはまだ報告されていないが，国内の施設としては，東北大学電子光理学研究センター (ELPH) や

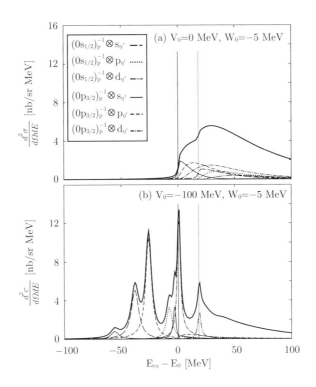

図 5.31 入射エネルギー $E_\gamma = 3\text{GeV}$ における $^{12}\text{C}(\gamma, p)$ 反応による $\eta(958)$ 中間子-^{11}B 原子核系の生成スペクトラムが，励起エネルギー E_{ex} の関数として描かれている．陽子は前方に射出されており，E_0 は $\eta(958)$ 中間子生成しきい値を表す．図中の V_0 と W_0 は $\rho = \rho_0$ における $\eta(958)$ 中間子-原子核間ポテンシャルの実部と虚部の強さを表している．太い実線で示された全断面積とともに，主要な状態からの寄与が点線，破線で示されている．2 本の垂直な線は，^{11}B 原子核の基底状態と励起状態に対する $\eta(958)$ 生成しきい値の位置を表している．文献 [120] において理論的に得られた結果である．

LEPS/SPring8 で実行可能ではないかと期待されている．

また，最近では，入射粒子として陽子を用いた (p,d) 反応による $\eta(958)$ 中間子原子核生成が活発に議論されている [4,127]．理論的に得られたスペクトラムの一例を図 5.32 に示した．文献 [4] では，非常に多くのポテンシャル強度に対して，生成スペクトラムを系統的に計算しており，実験の実施に向けての大きな手掛かりを与えている．実験施設に関しては，ドイツの GSI 研究所が適当と考えられていて，実行可能性が文献 [127] で綿密に議論された．図 5.33 に，実験準備の一環として行われたシミュレーション結果を示す．ここでは，文献 [4]

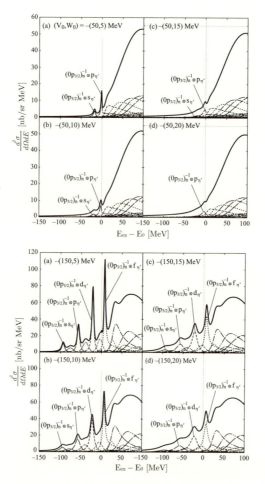

図 5.32 入射エネルギー $T_p = 2.5\text{GeV}$ における $^{12}\text{C}(p,d)$ 反応による $\eta(958)$ 中間子–^{11}C 原子核系の生成スペクトラムが，励起エネルギー E_{ex} の関数として描かれている．重陽子 d は前方に放出されており，E_0 は $\eta(958)$ 中間子生成しきい値を表す．図中のカッコ内に示されているのは，$\rho = \rho_0$ における $\eta(958)$ 中間子–原子核間ポテンシャルの実部と虚部の強さであり，様々な相互作用の強さに対するスペクトラムが図示されている．太い実線で表された全スペクトラムとともに，主要な状態からの寄与が破線で示されている．中性子空孔状態は $(n\ell_j)_n^{-1}$ で，$\eta(958)$ 中間子の状態は $\ell_{\eta'}$ で表されている．文献 [4] よりスペクトラムの計算結果を一部抜粋．

で与えられた $\eta(958)$ 中間子が関与する過程の理論計算の結果に加えて，$\eta(958)$ 中間子が関与しない過程による種々のバックグラウンドを評価したうえで，現

実的な実験条件下での期待される観測結果をシミュレートしている．この結果を見ると，ポテンシャルの実部による引力が強く，虚部による吸収効果が小さいほど，明確なピーク構造がシグナルがとして観測されやすいことがはっきりと定量的にわかる．この実験計画はGSI研究所の採択委員会に認められて2015年度にすでに実行されている．この本が出版されるまでには，実験結果の報告が正式な論文として出版され，それに対する理論的な解釈，さらに研究の「次の一手」をどう打つか議論が進展していることと思う．大変楽しみである．

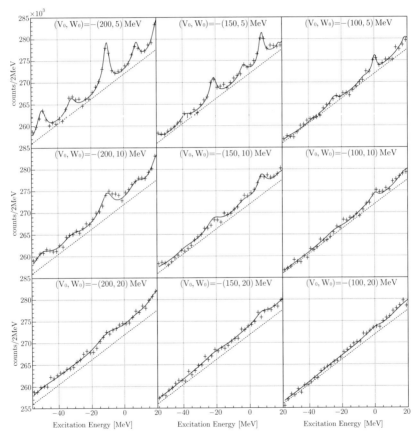

図 5.33 文献 [127] により行われた現実的な実験条件を仮定した観測結果のシミュレーション．図中の V_0 と W_0 は $\rho = \rho_0$ における $\eta(958)$ 中間子–原子核間ポテンシャルの実部と虚部の強さを表しており，文献 [4] の理論計算を基に実験で期待される結果をシミュレートしている．破線は π 中間子生成過程などによるバックグラウンドの寄与のシミュレーション結果である．

第6章 おわりに

　本書では，中間子と原子核の束縛系 –中間子原子および中間子原子核– を舞台にした，強い相互作用やエキゾティックなハドロン多体系の構造・生成に関する研究について，最新のものも含めていくつかの話題を紹介した．前章までに述べたように，強い相互作用に基づくハドロンの世界の理解には，QCDの対称性とその破れの理解が必要である．さらに，その理解を進めるために，様々な環境での対称性の破れの回復に関する研究が必要である．中間子–原子核束縛系は，標準核密度程度までの有限密度での中間子の性質を準静的に研究することのできる系であり大変興味深い．いわゆるQCD相図の中で研究できる範囲は広くないが，分光学的な手法を用いて，精密で不定性の少ない研究が可能であるという特徴がある．高エネルギーの重イオン衝突を用いた研究と相補的な研究手法として今後も発展すると期待される．また伝統的な原子核物理学の自然な発展分野として，エキゾティックなハドロン多体系研究の一翼を担っている点も重要である．この観点からはハイパー核物理や中性子/陽子過剰核の物理とともに発展する可能性が高い．

　今後の研究の発展に関して少しコメントすると，π中間子原子に関しては，理化学研究所のRIBFや大阪大学核物理研究センターのリングサイクロトロンなどを利用した，高精度実験が系統的に行えるようになることを期待したい．それらを通じて，有効核密度$\rho_e \approx 0.60\rho_0$以外における$\pi$中間子の性質やクォーク凝縮の値を決定できるようになるとよい．また，逆運動学を用いた中性子/陽子過剰核でのπ中間子原子生成から，非対称核物質でのクォーク凝縮の振る舞いなどが決定できると，カイラル対称性の回復に関して対称核物質と異なる情報も得られると期待できる．

　K中間子やη中間子と原子核の系に関する研究は，今後，日本の研究施設JPARCのハドロンホールでの研究が進展して新しい成果が上がることを期待したい．K中間子に関してはハドロン反応によるK中間子原子核の生成と，K

中間子原子の超精密 X 線分光の両方の新しい結果が近い将来に得られるだろう．これらを通じて，$\Lambda(1405)$ に関する研究も進むと思う．また，π 中間子を入射粒子とした反応による η 中間子原子核生成も，JPARC における実験で明確な結果を得ることができれば，$N(1535)$ バリオン共鳴が核子のカイラルパートナーであるかどうかに関しても理解が進むであろう．

$\eta(958)$ 中間子原子核に関しては，ドイツ GSI 研究所で実施された実験結果の最終報告が待たれる．他の中間子と異なり，有限密度での量子異常の効果の変化という情報が得られると期待されるので，今後の発展には大変興味がある．また，$\eta(958)$ 中間子を含めて核子よりも重い中間子，特に，重いクォークを含んだ中間子と原子核の系に関する研究も進展している．こちらも注視したい．

最後に，本書の冒頭でも述べたが，強い相互作用（QCD）は我々の日常を支配する電磁相互作用（QED）よりも複雑であり，より複雑な多粒子系の構造や多様な現象が存在することが十分可能である．むしろそうでないほうが不思議であろう．また，比較的単純な電磁相互作用においては，QED による理論的な計算結果と実験結果の一致が 10 桁を超えるような精度で確認されており，QED の理解が非常に高いレベルで達成されている．それでもなお，電磁相互作用する粒子の多体系の科学，いわゆる物性物理学，の研究は廃れることなく，盛んに新しい知見が得られている．強い相互作用が働くハドロンの世界のほうが，さらにもっと複雑で多様性に富み，未知の構造や未知の現象が，まだまだ隠れているのではないだろうか？実際には，アボガドロ数程度のハドロンを安定に固めておくためには極めて強い重力などが必要であり，真面目な研究対象としては，中性子星の表面や内部のような環境での議論が俎上に上ることになる．しかし，フィクションの世界 [2] では，そのような環境での知的生物も登場するなど，研究者に面白い夢を見させてくれる題材であることは間違いないだろう．本書で取り上げた，中間子原子や中間子原子核の研究は，強い相互作用の世界を形作る基礎的パーツとして，その多様性や複雑さに迫るための研究の出発点としても重要なのかもしれない．

参考文献

[1] T. Yamazaki, S. Hirenzaki, R. S. Hayano, and H. Toki, Phys. Rep. **514**, 1 (2012).

[2] ロバート.L. フォワード 「竜の卵」 早川書房.

[3] T. Hatsuda and T. Kunihiro, Phys. Reports **247**, 221 (1994).

[4] H. Nagahiro, D. Jido, H. Fujioka, K. Itahahsi, S. Hirenzaki, Phys. Rev. C **87**, 045201 (2013).

[5] D. Jido, S. Sakai, H. Nagahiro, S. Hirenzaki, N. Ikeno, Proceedings of 11th International Conference on Hypernuclear and Strange Particle Physics (HYP2012), Nuclear Physics A**914**, pp.354-359 (2013).

[6] K.A. Olive et al. (Particle Data Group), Chin. Phys. C**38**, 090001 (2014).

[7] R. B. Firestone et al., 'Table of Isotopes', John Wiley & Sons, Inc. (1996).

[8] 例えば、J. D. Bjorken and S. D. Drell, 'Relativistic Quantum Mechanics', McGraw-Hill, Inc (1964) など.

[9] C. Itzykson and J. Zuber, 'Quantum Field Theory', McGraw-Hill Book Company (1980).

[10] L. J. Slater, 'Confluent Hypergeometric Functions', Cambridge University Press, Cambridge (1960).

[11] T. Ericson and W. Weise, 'Pions and Nuclei', Clarendon Press, Oxford, (1988).

[12] R. S. Hayano and T. Hatsuda, Rev. Mod. Phys. **82** 2949 (2010) doi:10.1103/RevModPhys.82.2949.

[13] S. Weinberg, Physica A**96**, 327 (1979).

[14] T. Hatsuda and S. H. Lee, Phys. Rev. C**46**, 34 (1992), doi:10.1103/PhysRevC.46.R34.

[15] M. Naruki et al., Phys. Rev. Lett. **96**, 092301 (2006), doi:10.1103/PhysRevLett.96.092301.

[16] R. Muto *et al.* [KEK-PS-E325 Collaboration], Phys. Rev. Lett. **98**, 042501 (2007), doi:10.1103/PhysRevLett.98.042501.

[17] T. Ishikawa, *et al.*, Phys. Lett. B**608**, 215 (2005).

[18] Y. Tomozawa, Nuovo Cim. A**46**, 707 (1966).

[19] S. Weinberg, Phys. Rev. Lett. **17**, 616 (1966) .

[20] A. Hosaka and H. Toki, 'Quarks, Baryons and Chiral Symmetry', World Scientific, (2001).

[21] H.-Ch. Schröder *et al.*, Eur. Phys. J. C**21**, 473-488 (2001).

[22] M. Gell-Mann, R.J. Oakes and B. Renner, Phys. Rev. **175**, 2195 (2001).

[23] T. Hatsuda and T. Kunihiro, Prog. Theor. Phys. **74**, 765 (1985).

[24] U. Vogl and W. Weise., Prog. Part. Nucl. Phys. **27**, 195 (1991).

[25] J. Gasser, H. Leutwyler and M. E. Sainio, Phys. Lett. B**253**, 252-259 (1991).

[26] P. Kienle and T. Yamazaki, Phys. Lett. B**514**, 1 (2001).

[27] W. Weise, Acta Physica Polonica **31**, 2715 (2000); Nucl. Phys. A**690**, 98 (2001).

[28] Y. Thorsson and A. Wirzba, Nucl. Phys. A**589**, 633 (1995).

[29] See U.-G. Meissner, J.A. Oller and A. Wirzba, Ann. Phys. **297**, 27 (2002), and references therein.

[30] E.E. Kolomeitsev, N. Kaiser and W. Weise, Phys. Rev. Lett. **90**, 092501 (2003); E. E. Kolomeitsev, N. Kaiser and W. Weise, Nucl. Phys. A**721**, 835 (2003) doi:10.1016/S0375-9474(03)01220-X [nucl-th/0211090].

[31] D. Jido, T. Hatsuda, T. Kunihiro, Phys. Lett. B**670**, 109-113 (2008).

[32] S. L. Glashow, S. Weinberg, Phys. Rev. Lett **20**, 224-227 (1968).

[33] E. Oset, H. Toki and W. Weise, Phys. Reports **83**, 281 (1982).

[34] E. Oset, 'Mesonic Degrees of Freedom in Nuclei', Proc. of the 5th Topical School, 'Quarks, Mesons and Isobars in Nuclei', Motril, Granada, Spain, 1982, Edt. by R. Guardiola and A. Polls (World Scientific), p. 1-60.

[35] J. Nieves, E. Oset and C. Garcia-Recio, Nucl. Phys. A**554**, 509 (1993).

[36] 池野なつ美, 'Deeply Bound Pionic Atoms and Pion Properties in Nuclei', 博士学位論文, 奈良女子大学, 2014 年 3 月.

[37] J. P. Santos *et al.*, Phys. Rev. A**71**, 032501 (2005).

[38] N. Nose-Togawa, S. Hirenzaki and K. Kume, Nucl. Phys. A**623**, 548

(1997) doi:10.1016/S0375-9474(97)88424-2 [nucl-th/9707004].

[39] W. H. Press et al., 丹慶勝市 他訳, 'Numerical Recipes in C（日本語版）', 技術評論社 (1993).

[40] 永廣秀子氏, 私信.

[41] M. Krell and T. E. O. Ericson, Journal of Computational Physics **3**, 202 (1968).

[42] Y. N. Kim, 'Mesic Atoms and Nuclear Structure', North-Holland Publishing Company (1971).

[43] Y. K. Kwon and F. Tabakin, Phys. Rev. C**18**, 932 (1978).

[44] M. Abramowitz and I. A. Stegun, Handbook of mathematical functions (Dover,New York, 1970).

[45] H. Toki, S. Hirenzaki, T. Yamazaki and R.S. Hayano, Nucl. Phys. A**501**, 653 (1989).

[46] M. Miyatani, N. Ikeno, H. Nagahiro, S. Hirenzaki, Eur. Phys. J. A**52**, 193 (2016).

[47] J. Yamagata, H. Nagahiro, Y. Okumura and S. Hirenzaki, Prog. Theor. Phys. **114**, 301 (2005) [Prog. Theor. Phys. **114**, 905 (2005)] doi:10.1143/PTP.114.301

[48] Y. Umemoto, S. Hirenzaki, K. Kume and H. Toki, Phys. Rev. C**62**, 024606 (2000).

[49] H. Toki and T. Yamazaki, Phys. Lett. B**213**, 129 (1988).

[50] C. J. Batty, E. Friedman and A. Gal, Phys. Rept. **287**, 385 (1997), E. Friedman and A. Gal, Phys. Rept. **452**, 89 (2007).

[51] 原田融, 比連崎悟, 山縣淳子, 原子核研究 Vol 53, Supplement 2, p. 3-49, 2009年3月（編集・発行：原子核研究編集委員会）.

[52] 例えば, P. Fernandez de Cordoba, Yu. Ratis, E. Oset, J. Nieves, M. J. Vicente-Vacas, B. Lopez-Alvaredo and F. Gareev, Nucl. Phys. A**586**, 586 (1995).

[53] S. Hirenzaki, H. Toki and T. Yamazaki, Phys. Rev. C**44**, 2472 (1991).

[54] H. Geissel et al., Phys. Rev. Lett. **88**, 122301 (2002).

[55] H. Toki, S. Hirenzaki and T. Yamazaki, Nucl. Phys. A**530**, 679 (1991).

[56] J. Yamagata, H. Nagahiro, Y. Okumura and S. Hirenzaki, Prog. Theor. Phys. **114**, 301 (2005) [Erratum-ibid. **114**, 905 (2005)].

[57] T. Koike and T. Harada, Phys. Lett. B**652**, 262 (2007),
T. Koike and T. Harada, Nucl. Phys. A**804**, 231 (2008).

[58] O. Morimatsu and K. Yazaki, Nucl. Phys. A**435**, 727 (1985),
O. Morimatsu and K. Yazaki, Nucl. Phys. A**483**, 493 (1988).

[59] M. Ericson and T. Ericson, Ann. Phys. **36**, 323 (1966).

[60] R. Seki and K. Masutani, Phys. Rev. C**27**, 2799 (1983).

[61] J. Speth, E. Werner, and W. Wild., Phys. Rep. **33**, 127 (1977).

[62] T. Yamazaki, R.S. Hayano, K. Itahashi, K. Oyama, A. Gillitzer, H. Gilg, M. Knülle, M. Münch, P. Kienle, W. Schott, H. Geissel, N. Iwasa and G. Münzenberg, Z. Phys. A**355**, 219 (1996).

[63] H. Gilg *et al.*, Phys. Rev. C**62**, 025201 (2000).

[64] K. Itahashi *et al.*, Phys. Rev. C**62**, 025202 (2000).

[65] E. Aslanides *et al.*, Phys. Rev. Lett. **39**, 1654 (1977).

[66] H. W. Fearing, Phys. Rev. C**16**, 313 (1977), and references therein.

[67] C. Richard-Serre, W. Hirt, D. F. Measday, E. G. Michaelis, M. J. M. Saltmarsh and P. Skarek, Nucl. Phys. B**20**, 413 (1970).

[68] D. Aebischer, B. Favier, L. G. Greeniaus, R. Hess, A. Junod, C. Lechanoine, J.-C. Nikles, D. Rapin and D. W. Werren, Nucl. Phys. B**106**, 214 (1976).

[69] J. Hoftiezer, Ch. Weddigen, B. Favier, S. Jaccard, P. Walden, P. Chatelain, F. Foroughi, C. Nussbaum and J. Piffaretti, Phys. Lett. B**100**, 462 (1981).

[70] T. Yamazaki, R.S. Hayano, K. Itahashi, K. Oyama, A. Gillitzer, H. Gilg, M. Knülle, M. Münch, P. Kienle, W. Schott, W Weise, H. Geissel, N. Iwasa, G. Münzenberg, S. Hirenzaki and H. Toki, Phys. Lett. B**418**, 246-251 (1998).

[71] S. Hirenzaki and H. Toki, Phys. Rev. C**55**, 2719 (1997).

[72] K. Suzuki *et al.*, Phys. Rev. Lett. **92**, 072302 (2004).

[73] T. Yamazaki and S. Hirenzaki, Phys. Lett. B**557**, 20 (2003).

[74] P. Kienle and T. Yamazaki, Prog. Part. Nucl. Phys. **52**, 85 (2004).

[75] N. Ikeno, R. Kimura, J. Yamagata-Sekihara, H. Nagahiro, D. Jido, K. Itahashi, L. S. Geng and S. Hirenzaki, Prog. Theor. Phys. **126**, 483 (2011) doi:10.1143/PTP.126.483 [arXiv:1107.5918 [nucl-th]].

[76] N. Ikeno, H. Nagahiro and S. Hirenzaki, Eur. Phys. J. A**47**, 161 (2011) doi:10.1140/epja/i2011-11161-9 [arXiv:1112.2450 [nucl-th]].

[77] N. Ikeno, J. Yamagata-Sekihara, H. Nagahiro and S. Hirenzaki, Prog. Theor. Exp. Phys., 063D01 (2013).
doi:10.1093/ptep/ptt035 [arXiv:1304.0598 [nucl-th]].

[78] T. Nishi et al., EPJ Web Conf. **66**, 09014 (2014).
doi:10.1051/epjconf/20146609014

[79] N. Ikeno, J. Yamagata-Sekihara, H. Nagahiro and S. Hirenzaki, Prog. Theor. Exp. Phys., 033D01 (2015). doi:10.1093/ptep/ptv013

[80] N. Kaiser, P. B. Siegel and W. Weise, Nucl. Phys. A**594**, 325 (1995) [arXiv:nucl-th/9505043].

[81] E. Oset and A. Ramos, Nucl. Phys. A**635**, 99 (1998) [arXiv:nucl-th/9711022].

[82] R. H. Dalitz, T. C. Wong and G. Rajasekaran, Phys. Rev. **153**, 1617 (1967).

[83] T. Waas, N. Kaiser and W. Weise, Phys. Lett. B**379**, 34 (1996).
T. Waas and W. Weise, Nucl. Phys. A**625**, 287 (1997).

[84] M. Lutz, Phys. Lett. B**426**, 12 (1998) [arXiv:nucl-th/9709073].

[85] A. Ramos and E. Oset, Nucl. Phys. A**671**, 481 (2000) [arXiv:nucl-th/9906016].

[86] D. Jido, J. A. Oller, E. Oset, A. Ramos and U. G. Meissner, Nucl. Phys. A**725**, 181 (2003) doi:10.1016/S0375-9474(03)01598-7 [nucl-th/0303062].

[87] T. Hyodo and D. Jido, Prog. Part. Nucl. Phys. **67**, 55 (2012) doi:10.1016/j.ppnp.2011.07.002 [arXiv:1104.4474 [nucl-th]].

[88] S. Hirenzaki, Y. Okumura, H. Toki, E. Oset and A. Ramos, Phys. Rev. C **61**, 055205 (2000).

[89] J. Yamagata, H. Nagahiro, R. Kimura and S. Hirenzaki, Phys. Rev. C**76**, 045204 (2007).

[90] S. Okada et al., HEATES collaboration, J-PARC E17 and E62, S. Okada et al., HEATES collaboration, Prog. Theor. Exp. Phys., 091D01 (2016) [arXiv: 1608.05436].

[91] J. Yamagata, H. Nagahiro and S. Hirenzaki, Phys. Rev. C**74**, 014604 (2006).

[92] T. Kishimoto, Phys. Rev. Lett. **83**, 4701 (1999) [arXiv:nucl-th/9910014].

[93] T. Kishimoto et al., Prog. Theor. Phys. **118**, 181 (2007). doi:10.1143/PTP.118.181

[94] 市川裕大 他、J-PARC E05 実験.

[95] 山縣淳子, 'Kaon-nucleus systems and kaon properties in the nuclear medium', 博士学位論文, 奈良女子大学, 2009 年 3 月.

[96] Y. Akaishi and T. Yamazaki, Phys. Rev. C**65**, 044005 (2002).

[97] A. Dote, H. Horiuchi, Y. Akaishi and T. Yamazaki, Phys. Rev. C**70**, 044313 (2004) doi:10.1103/PhysRevC.70.044313 [nucl-th/0309062].

[98] J. Yamagata-Sekihara, D. Jido, H. Nagahiro and S. Hirenzaki, Phys. Rev. C**80**, 045204 (2009) doi:10.1103/PhysRevC.80.045204.

[99] Q. Haider and L.C. Liu, Phys. Lett. B**172**, 257 (1986), Phys. Rev. C**34**, 1845 (1986).

[100] H. C. Chiang, E. Oset, and L. C. Liu, Phys. Rev. C**44**, 738 (1991).

[101] D. Jido, H. Nagahiro and S. Hirenzaki, Phys. Rev. C**66**, 045202 (2002) doi:10.1103/PhysRevC.66.045202 [nucl-th/0206043].

[102] C. Garcia-Recio, J. Nieves, T. Inoue and E. Oset, Phys. Lett. B**550**, 47 (2002) doi:10.1016/S0370-2693(02)02960-X [nucl-th/0206024].

[103] T. Inoue and E. Oset, Nucl. Phys. A**710**, 354 (2002) doi:10.1016/S0375-9474(02)01167-3 [hep-ph/0205028].

[104] T. Hyodo, D. Jido and A. Hosaka, Phys. Rev. C**78**, 025203 (2008) doi:10.1103/PhysRevC.78.025203 [arXiv:0803.2550 [nucl-th]].

[105] D. Jido, E. E. Kolomeitsev, H. Nagahiro and S. Hirenzaki, Nucl. Phys. A**811**, 158 (2008) doi:10.1016/j.nuclphysa.2008.07.012 [arXiv:0801.4834 [nucl-th]].

[106] C. DeTar and T. Kunihiro, Phys. Rev. D**39**, 2805 (1989).

[107] Y. Nemoto, D. Jido, M. Oka and A. Hosaka, Phys. Rev. D**57**, 4124 (1998).

[108] D. Jido, M. Oka and A. Hosaka, Prog. Theor. Phys. **106**, 873 (2001), D. Jido, Y. Nemoto, M. Oka and A.Hosaka, Nucl. Phys. A**671**, 471 (2000).

[109] H. Nagahiro, D. Jido and S. Hirenzaki, Phys. Rev. C**68**, 035205 (2003) doi:10.1103/PhysRevC.68.035205 [nucl-th/0304068].

[110] R.E. Chrien et al., Phys. Rev. Lett. **60**, 2595 (1988).

[111] H. Nagahiro, D. Jido and S. Hirenzaki, Phys. Rev. C**80**, 025205 (2009) doi:10.1103/PhysRevC.80.025205 [arXiv:0811.4516 [nucl-th]].

[112] T. Yorita *et al.*, Phys. Lett. B**476**, 226 (2000). doi:10.1016/S0370-2693(00)00176-3

[113] H. Nagahiro, D. Jido and S. Hirenzaki, Nucl. Phys. A**761**, 92 (2005) doi:10.1016/j.nuclphysa.2005.07.001 [nucl-th/0504081].

[114] S. Weinberg, Phys. Rev. D**11**, 3583 (1975).

[115] E. Witten, Nucl. Phys. B**156**, 269 (1979).

[116] G. Veneziano, Nucl. Phys. B**159**, 213 (1979).

[117] D. Jido, H. Nagahiro and S. Hirenzaki, Phys. Rev. C**85**, 032201 (2012) doi:10.1103/PhysRevC.85.032201 [arXiv:1109.0394 [nucl-th]].

[118] P. Costa, M. C. Ruivo and Y. L. Kalinovsky, Phys. Lett. B**560**, 171 (2003) doi:10.1016/S0370-2693(03)00395-2 [hep-ph/0211203].

[119] H. Nagahiro, M. Takizawa and S. Hirenzaki, Phys. Rev. C**74**, 045203 (2006) doi:10.1103/PhysRevC.74.045203 [nucl-th/0606052].

[120] H. Nagahiro and S. Hirenzaki, Phys. Rev. Lett. **94**, 232503 (2005) doi:10.1103/PhysRevLett.94.232503 [hep-ph/0412072].

[121] S. Sakai and D. Jido, Phys. Rev. C**88**, no.6, 064906 (2013) doi:10.1103/PhysRevC.88.064906 [arXiv:1309.4845 [nucl-th]].

[122] H. Nagahiro, S. Hirenzaki, E. Oset and A. Ramos, Phys. Lett. B**709**, 87 (2012) doi:10.1016/j.physletb.2012.01.061 [arXiv:1111.5706 [hep-ph]].

[123] E. Czerwinski *et al.*, Phys. Rev. Lett. **113**, 062004 (2014), doi:10.1103/PhysRevLett.113.062004.

[124] M. Nanova *et al.* [CBELSA/TAPS Collaboration], Phys. Lett. B**710**, 600-606 (2012), doi:10.1016/j.physletb.2012.03.039, Phys. Lett. B**727**, 417-423 (2013), doi:10.1016/j.physletb.2013.10.062.

[125] S. D. Bass and A. W. Thomas, Acta Phys. Polon. B**45**, 627 (2014), doi:10.5506/APhysPolB.45.627.

[126] N. Ikeno, J. Yamagata-Sekihara, H. Nagahiro, D. Jido and S. Hirenzaki, Phys. Rev. C**84**, 054609 (2011) doi:10.1103/PhysRevC.84.054609 [arXiv:1110.6504 [nucl-th]].

[127] K. Itahashi *et al.*, Prog. Theor. Phys. **128**, 601 (2012) doi:10.1143/PTP.128.601 [arXiv:1203.6720 [nucl-ex]].

索 引

■英数字▶

- Δ 共鳴粒子 ……………………… 53
- $\eta(958)$ 中間子原子核 …………… 151
- $\eta(958)$ 中間子 ………………… 31
- η 中間子 ……………………… 31
- η 中間子原子核 ………………… 142
- $\Lambda(1405)$ ………………………… 32
- $\Lambda(1405)$ バリオン共鳴 ………… 131
- πN 散乱振幅 …………………… 52
- μ 中間子 ……………………… 30
- π 中間子原子 …………………… 108
- π 中間子の崩壊定数 ……………… 33
- (γ, p) 反応 …………………… 156
- (π^+, p) 反応 …………………… 146
- $(d, ^3\text{He})$ 反応 ………………… 86, 92
- (K^-, N) 反応 …………………… 134
- (K^-, p) 反応 …………………… 135
- (n, d) 反応 ……………………… 114
- (p, d) 反応 ……………………… 157
- 4 元ベクトル …………………… 14
- K^- 中間子原子 ………………… 130
- K^- 中間子原子核 ……………… 130
- K 中間子 ……………………… 30
- $N(1535)$ バリオン共鳴 ……… 31, 142
- P 波項 ………………………… 110
- P 波相互作用 …………………… 110
- QCD …………………………… 26
- S 波項 ………………………… 110
- S 波相互作用 …………………… 110
- $T\rho$ ポテンシャル ………………… 53
- $U_A(1)$ 量子異常 ………………… 151
- X 線分光法 ……………………… 77

■あ▶

- アイコナール近似 ……………… 106
- アイソスカラー ………………… 32
- アイソベクトル ………………… 32
- アイソベクトル項 ……………… 34
- アイソベクトル散乱長 ………… 35
- 位相空間 ………………………… 43
- ウッズ–サクソン
  (Woods–Saxon) 型 …………… 39
- 運動学 (Kinematics) …………… 81
- 運動量移行 ……………………… 98
- エネルギーシフト ……………… 80
- エネルギー準位の幅 …………… 55

■か▶

- 階層の断絶 ……………………… 23
- カイラル 2 重項模型 …………… 145
- カイラル対称性 ………………… 28
- カイラル対称性の自発的破れ … 29
- カイラル対称性の部分的回復 … 32
- カイラルパートナー …………… 29
- カイラル変換 …………………… 28
- カイラル有効ラグランジアン … 131
- カイラルユニタリー模型 ……… 131
- 核子 ……………………………… 3
- 核子の伝播関数 ………………… 45
- 核物質 …………………………… 43
- 核力 ……………………………… 3
- 可約 (reducible) ダイアグラム … 50
- カラー …………………………… 28
- 干渉効果 ………………………… 135
- 擬スカラー中間子 ……………… 30
- 既約 (irreducible) ダイアグラム … 50
- クォーク ………………………… 22

クォーク凝縮 34
クォーク模型 10
クライン–ゴルドン方程式 17
グリーン関数法 107
クーロン束縛状態 16
計量テンソル 15
ゲージ相互作用 27
ゲージ場の理論 26
欠損質量 (Missing Mass) 87
欠損質量 (Missing mass) 分光法 85
ゲルマン–オークス–レナー
　(Gell-Mann-Oakes-Renner(GOR))
　関係式 33
原子核 37
原子核構造 37
高エネルギー重イオン衝突 6
光学ポテンシャル 55
光速 12
固有エネルギー 18
固有エネルギーの虚部 55

■さ▶

最終軌道 78
散乱振幅 84
残留相互作用 42
シェルギャップ 42
しきい値 101
シグマ項 34
自己エネルギー 49
自然単位系 12
実験室系 84
質量スペクトル 5
重心系 82
準弾性 π 中間子生成 101
真空偏極 55
水素原子 2, 3
生成断面積 92
前期量子論 2
選択則 74
相対論的運動方程式 16
相対論的量子力学 14
素過程 93
素過程断面積 96
束縛準位 2

束縛状態 1
束縛状態のエネルギーの幅 59

■た▶

対称性 7
ダイソン (Dyson) 方程式 49
断面積 84
秩序変数（オーダーパラメータ）. 34
中間子原子 .... iii, 69
中間子原子核 .... iii, 70
中間子–原子核束縛系 1
中間子–原子核束縛状態 4
中間子の伝播関数 48
中性子星 3
強い相互作用 3, 4, 23
低エネルギー定理 32
電磁相互作用 55
動力学 (Dynamics) 81
閉じ込め 28
友沢–ワインバーグ関係式 33

■な▶

南部–ゴールドストーンボソン 32
南部–ヨナラシニオ模型 153

■は▶

ハイパー核 8
ハイペロン 8
パウリ排他律 9
ハートリー (Hartree) 近似 38
ハートリーの運動方程式 39
ハドロン 22
場の理論の真空 27
場の理論の摂動論 48
半値全幅 70
反跳エネルギー 98
ヒッグス機構 28
微分断面積 85
ファインマン図 48
深く束縛された π 中間子原子 108, 109
複素ニュートン法 62

複素ポテンシャル 55
物質の階層構造 22
不変質量 91
不変質量 (Invariant mass) 法 85
プランク定数 12
フレーバー 26
ベクトル中間子 31
ポテンシャルの虚部 55

ま

マッチングコンディション 97
魔法数 42
マンデルスタム (Mandelstam) の s
　変数 83
ミンコフスキー空間 15
無反跳 (recoilless) 反応 98

や

有効核子数 97
有効核子数法 92
有効場の理論 29
湯川結合 48
湯川相互作用 50

ら

ラグランジアン密度 26
リュードベリ (Rydberg) 定数 2
量子色力学 (QCD) 3
量子電磁力学 (QED) 16
リントハルト関数 52
ローレンツ分布 88
ローレンツ変換 84

わ

歪曲波 105

著者紹介

比連崎悟（ひれんざき　さとる）

1991年3月　東京都立大学大学院理学研究科物理学専攻 博士課程修了（理学博士）
1991年4月　科学技術庁―理研 基礎科学特別研究員
1994年4月　東京都立大学 日本学術振興会特別研究員
1994年10月　バレンシア大学（スペイン）客員教授
1996年4月　奈良女子大学理学部物理科学科 助手
1998年4月　同 助教授
2006年4月　同 教授
2012年4月　奈良女子大学研究院自然科学系物理学領域 教授（現職）

専　　門　理論核物理学，ハドロン物理学
趣　　味　のんびりとした長距離走

基本法則から読み解く 物理学最前線 15

中間子原子の物理
強い力の支配する世界

Physics of Meson-Nucleus
Bound Systems
―The Strong Side of the World―

2017年3月15日　初版1刷発行

検印廃止
NDC 429.6
ISBN 978-4-320-03535-5

著　者　比連崎悟 ⓒ 2017
監　修　須藤彰三
　　　　岡　真
発行者　南條光章
発行所　共立出版株式会社
　　　　東京都文京区小日向 4-6-19
　　　　電話 03-3947-2511（代表）
　　　　郵便番号 112-0006
　　　　振替口座 00110-2-57035
　　　　URL http://www.kyoritsu-pub.co.jp/

印　刷
製　本　藤原印刷

一般社団法人
自然科学書協会
会員

Printed in Japan

JCOPY ＜出版者著作権管理機構委託出版物＞
本書の無断複製は著作権法上での例外を除き禁じられています．複製される場合は，そのつど事前に，出版者著作権管理機構（TEL：03-3513-6969，FAX：03-3513-6979，e-mail：info@jcopy.or.jp）の許諾を得てください．